ひとりで学べる電磁気学

大切なポイントを余さず理解

中山正敏　著

装幀／芦澤泰偉・児崎雅淑
カバーイラスト／山田博之
本文デザイン／next door design
本文図版／さくら工芸社

まえがき

　電池のプラス極・マイナス極を豆電球に導線でつなぐと、電流が流れて豆電球が光ることは誰でも知っている。小学校の実験である。しかし、電気にプラスとマイナスがあるのはなぜか？　電流はなぜ流れるのか？　電磁気学を学べば、このような単純な実験からも、その背後にある物理の基本原理に触れることができ、実に面白い。

　そのような身近な現象を手がかりに、電磁気学を自ら学ぶ助けとして執筆したのが、この本である。私は長年にわたって電磁気学の教科書を書き、講義してきた。そこでは必ずしも満足にできなかった基本概念の説明を、この本では読者が十分に納得できるように行った。そのためには、まず電場や磁場を、数式よりも電気力線や磁力線によって一つのモノとして捉えることが大切である。これら力線とその運動の法則から、電磁波にいたるまで説明してみた。

　また、基本概念や法則が作られる過程を、残された記録や実験装置を紹介して、それを今の電磁気学の見地から検討することを試みた。これは、理解を助けるとともに、研究の現場の雰囲気を感じてもらうことにもなる。

　この本にも数式が少しは出てくる。しかし、その大部分は四則計算である。面積分、線積分が出てくるが、これは絵文字みたいなものだとして読んでほしい。その説明は「数学メモ」として書いてある。

　電磁気学の原理は、スマートフォンやICカードなどの動作と直結している。そういう話題も織り込んだので、楽しんでもらいたい。

中山 正敏

も く じ

まえがき ……………………………………………………………………… 3

第1章
触れていないのに働く力
——万有引力、電気力、磁気力

磁石どうしはなぜ引きあい、反発しあうのか？ 物はなぜ地面に落ちるのか？ 物理学はこの疑問に、物体に触れずに働く「力」を考えることで答えてきた。万有引力、そして電気力・磁気力の性質に迫る数々の実験や考察は、やがて「逆二乗則」の発見につながっていく。

1.1	ウォーミングアップ	12
1.2	電気や磁気の始まり	14
	電気ことはじめ	14
	磁石ことはじめ	15
	羅針盤（磁気コンパス）	17
1.3	ギルバートが拓いた静電気磁気学	18
	ギルバート	18
	検電器を作ろう	19
	磁気と電気は違う	20
	地球は大きな磁石	21
1.4	逆二乗則への道	22
	私は仮説を作らない	23
	電気・磁気の逆二乗則	25

第2章
正電荷から発生し、負電荷で終わる電気力線

電気にプラスとマイナスがあることは、いかにして明らかになったのか？ 電荷どうしの引力と反発力は、摩擦電気の研究から徐々に解明され、電気力線、電場、電位などの現在私たちが親しんでいる道具立てへと発展した。電気力線の振る舞いが、電気を読み解く鍵である。

2.1 電子の電荷は空間に分布している … 27
電気力線 … 27
素電荷 … 28
発展コラム 電荷分布Ⅰ——電子密度の雲 … 29

2.2 正と負の摩擦電気 … 30
ストロー検電器で摩擦電気を調べる … 30
正電荷、負電荷 … 31

2.3 電荷と電気力線、電場 … 33
電気力線の観察 … 33
電場ベクトル … 34
数学メモ ベクトル … 35

2.4 電荷と電場の関係、ガウスの法則 … 37
点電荷が作る電場 … 37
点電荷による電場ベクトル … 39
ガウスの法則 … 40
数学メモ ベクトルの面積分 … 41
逆二乗則の実験的検証 … 43
平面電荷による電場 … 44

2.5 電場を勾配とする落差、電位差 … 45
数学メモ 二つのベクトルのスカラー積 … 48

第3章
電流は通すが電場は通さない導体

電池をつないだ導体には、電気が伝わる。しかし、そもそも"導体に電気が伝わる"とは、どのような物理現象なのか？ 電気伝導の発見と電池の発明は、電気の研究に新たな展開をもたらした。その応用の一つであるコンデンサーは、現代を支える電子機器に欠かせない。

3.1 導体と絶縁体（不導体） … 51
テームズ川を越えて伝わる電気 … 51

3.2 電流の味は？ ——電池の誕生 … 53
動物電気 … 53

	電流を味わう	54
	電池	55
	電池のメカニズム	56
	自前の電源	58
3.3	電荷は導体の表面に集まる	59
	静電誘導	59
	誘導電荷	60
	発展コラム 電荷分布Ⅱ──金属の電子雲	61
	反電場	64
	雷を探る	65
3.4	スマートフォンのからくり1 ──電気力線を蓄えるコンデンサー	68
	タッチパネル	68
	平行平板コンデンサー	69
	コンデンサーのエネルギー	71
	ICの心臓部──MOSコンデンサー	72

第4章
電荷の流れ、電流

電流の研究の歴史的立て役者は、ファラデー、エールステッド、そしてオームである。電気分解に始まった電流の定量的研究は、エールステッドの磁気作用により大きく発展し、電気抵抗のオームの法則を確立した。歴史の流れを追体験するとともに、手軽な実験も紹介しよう。

4.1	電気が拓く化学	75
	電気分解	75
	歴史メモ 王立研究所	76
	デーヴィーの電気化学	80
	電気分解の法則	80
4.2	電流を数量的に調べる	84
	電流が磁針を回転させる	84
	オームの法則	85

	さまざまな物質の電気抵抗	88
4.3	電流を流す実験をしてみよう	89
	電流を流す手軽な実験法	89
	LEDが光らない！	90
	発展コラム 電荷分布Ⅲ——半導体とLED	91
4.4	電気や電流の伝わり方	93
	電気の伝達には時間がかかる	93
	電流の伝わり方	95
	コンデンサーの充電、放電	96

第5章
電流は通さないが電場は通す誘電体

コンデンサーに誘電体を挿入すると、溜まる電荷が増える。この現象はどんな仕組みで起きるのか？ ファラデーの考察から出発して、"分極電荷による電場が付け加わる"というメカニズムを納得しよう。そこでは、ミクロの電気双極子モーメントが重要な役割を担っている。

5.1	ファラデーの誘導力線	99
	静電誘導のメカニズムの案	99
	誘電体を通しての静電誘導	100
5.2	電気分極、電束密度	102
	ファラデーの板状コンデンサーの実験	102
	今の電磁気学による解釈	103
5.3	誘電体のマクロな場と法則	106
	電気分極	106
	誘電体の反電場	109
	誘電体中のガウスの法則	110
5.4	誘電体のミクロな電気的分極	112
	ミクロな電気的分極の電荷球モデル	112
	発展コラム 電荷分布Ⅳ——誘電体の電荷構造と電気的分極	114
	電気双極子による電場	116
	電気双極子に働く回転力	117

| 数学メモ 二つのベクトルのベクトル積 | 118 |

平均化	119
ミクロな電気的分極を引き起こす電場	121
常誘電体	122

5.5 磁石の電気版——強誘電体 … 123
自発電気分極 … 123

| 歴史メモ 強誘電体という言葉の歴史 | 124 |

強誘電相 … 125
強誘電体中の場 … 128
分域構造とヒステリシス … 128

| 発展コラム 液晶ディスプレー——スマートフォンのからくり2 | 131 |

第 6 章
磁石とは何だろうか

磁石は古くから人間の興味を惹いてきた物質である。しかし、その詳しい性質は19世紀まで謎に包まれていた。磁気における磁石が電気における強誘電体にあたることを念頭に、磁石の正体を解き明かそう。その背景には、ミクロの電子の振る舞いを記述する量子論が控えている。

6.1 誘電体の話を磁石に翻訳する … 133
磁気と電気、似ているところ、違うところ … 133
永久磁石の磁性 … 134
反磁性 … 135
常磁性と強磁性 … 137

6.2 マクロな磁場の法則 I——磁石が作る磁場 … 140
磁力線 … 140
磁気のガウスの法則 … 141
磁束密度 … 143
磁気記録 … 145
磁化率、透磁率 … 146

6.3 マクロな磁場の法則 II——電流が作る磁場 … 147
電流が作る磁束密度線 … 147

| 数学メモ 閉曲線に沿ってのベクトルの一周積分 ……………150
   アンペールの法則 …………………………………………………151
   ソレノイドコイル …………………………………………………152
   磁化電流 ……………………………………………………………155
6.4 電流に働く磁気的な力 ……………………………………158
   電流間の力 …………………………………………………………158
   ローレンツの磁気力 ………………………………………………160
   閉じた電流に働く力 ………………………………………………162
6.5 磁気の担い手を求めて ……………………………………164
   ミクロな磁気双極子の大きさ ……………………………………164
　 発展コラム 磁石はどこまで分割できるか？ ………………………165
   ランジュヴァンの磁気理論 ………………………………………165
   ワイスの強磁性理論 ………………………………………………167
   歴史メモ ユーイングと日本の磁気研究の夜明け …………………170
   磁気と角運動量 ……………………………………………………172
   電子のスピン ………………………………………………………175
   発展コラム スピンは自転か？ ………………………………………177
   強い分子磁場の起源 ………………………………………………178
   電子スピンが感じる磁場 …………………………………………181
   磁気共鳴 ……………………………………………………………182

第7章
磁束密度線の運動が電気を作り出す

ファラデーは多数の実験から、運動・電気・磁気の三者の連関を導き出した。ファラデーの閃きは、"磁束密度線と導体との相対的な運動が、起電力を生み出す"という統一的な法則を編み出したことにある。彼の書き残した『研究日誌』を基に、天才の努力の跡をたどろう。

7.1 磁気から電気を作る ………………………………………186
   磁気と電気との相互作用 …………………………………………186
   ファラデーの初期の試み …………………………………………187
   アラゴーの円板回転 ………………………………………………189

7.2 電磁誘導の発見 190
- コイル間の電磁誘導 191
- 磁石による電磁誘導 193
- 磁石の運動による電磁誘導 194
- アラゴーの円板の実験の検証 195
- 導体の運動と電磁誘導 198
- 地磁気の中での電磁誘導 200

7.3 電磁誘導の法則 202
- 実験結果のまとめ 202
- ローレンツの磁気力と電磁誘導 206
- ファラデーの法則 208
- 非接触ICカード 212

7.4 自己誘導 212
- ヘンリーの発見 212
- 自己誘導と相互誘導 214

7.5 電流のエネルギー 216
- 回路電流のエネルギー 216
- 発展コラム 超伝導コイルに電流を流す 218
- 磁場のエネルギー密度 220

第8章
空間を飛び回る力線の波
——マクスウェル方程式と電磁波

ファラデーにいたるまでの電磁気学の成果は、ついに"マクスウェル方程式"に統合され、電気と磁気の力線が絡み合った運動が"電磁波"として伝わることが予言される。電磁波＝光をめぐる物理学の発展は、現代物理の二本柱、相対性理論と量子論を確立することとなった。

8.1 電束密度線の運動による磁場 222
- ファラデーの宿題 222
- 磁電誘導 224
- アンペール-マクスウェルの法則 226

	数学メモ 偏微分	227
	電荷の保存則との関係	228
8.2	マクスウェル方程式への道	230
	マクスウェル登場	230
	力線の動力学模型	232
	発展コラム E、D、H、B	235
8.3	電気力線と磁力線の結合振動と伝播	237
	電磁振動	237
	1次コイルと2次コイルのシリーズ	238
	電磁波	240
8.4	電磁波の観測	245
	光の波	245
	ヘルツの電波	247
	マルコーニによる無線通信	250
8.5	電磁気と相対性理論	251
	電磁場のパラドックス(1)	251
	電磁場のパラドックス(2)	254
	ローレンツ変換	256
	特殊相対性理論	258
8.6	電磁波と物質の世界	261
	ミクロの世界から宇宙まで広がる電磁波	261
	電磁波は宇宙の果てまで続く波か？ ——光量子	263
	波として伝わり粒子として観測される光と電子	265
	発展コラム "神様はサイコロ遊びをなさらない"	266

あとがき 269

さくいん 271

第1章
触れていないのに働く力
——万有引力、電気力、磁気力

磁石どうしはなぜ引きあい、反発しあうのか？ 物はなぜ地面に落ちるのか？ 物理学はこの疑問に、物体に触れずに働く「力」を考えることで答えてきた。万有引力、そして電気力・磁気力の性質に迫る数々の実験や考察は、やがて「逆二乗則」の発見につながっていく。

1.1 ウォーミングアップ

人間は幼児のころ、食べ物やおもちゃを引き寄せたり、押しやったりすることから、自分の身体の外にある物体を認識し始める。物体に触れて押したり引いたりすることで、力を働かせて物体を動かすことを学ぶ。力を働かせないと、物体は静止したままである。

ところが、物理学の勉強を始めると、重力、万有引力など、触れてもいないのに働く力が次々に登場する。電磁気学に進むと、電気力、磁気力が基本的な力であり、それによって見えない電場や磁場が導入される。

"物理学は難しい、特に電磁気は分かりにくい"という背景には、幼時からの経験とかけ離れたことを押しつけられることへの戸惑いがあるだろう。

歴史的にも、ギリシャ時代から中世にかけて、石が落下

第1章 触れていないのに働く力——万有引力、電気力、磁気力

するのは、石の本来の居場所である地面へ帰ろうとするからだというように、重力という力の作用ではなく、物体の性質として説明されてきた。琥珀を摩擦すると、布や塵などを引きつけることや、磁石どうしを近づけると動くことは、かなり昔から知られていた。しかし、これらも琥珀や磁石の性質として受け取られていた。

力は、接触しあっている物体の間にのみ働く、というのが、アリストテレスに代表されるギリシャ人の共通認識であった。物体が運動するには、この意味での力が必要である。運動している物体も、力が働かなくなれば、たちまち速度を失って静止する、とギリシャ人は考え続けてきた。

本書では、このような素朴な自然認識の状態から、考え方をどう切り替えて、電気力、磁気力、万有引力が認識されたのか。そうして、電磁気学が発展したのかを述べていく。

また、20世紀以降、物質の原子構造が解明され、電磁気現象の担い手の実態が明らかになった。それらの助けを借りることにより、電磁気学は抽象的なものではなく、実体のある物質をあつかう学問であることを理解したい。

さらに、電気や磁気は、現代の日常生活の中にさまざまに入り込んでいる。スマートフォンはなぜ軽く触るだけで使えるのか？ ICカードはなぜ財布の中に入れたままで改札を通れるのか？ このような先端技術の理解にも、電磁気学の基本原理が役に立つことも紹介したい。

本書では、数学的な取り扱いは最小限にとどめ、イメージによる直観的な説明を中心にする。また、いくつかの基

本概念や法則は、ごく簡単な実験によって確かめることができる。それらを実際に行い、頭と手を使って、電磁気学を体得しよう。

1.2 電気や磁気の始まり

電気ことはじめ

図1-1　タレス

電気ウナギやシビレエイは古代エジプトで知られていた。紀元前600年ごろ、ギリシャの自然哲学者タレス（図1-1）は、自分が身に付けていた首飾りの琥珀を摩擦すると、乾いた布、藁、木の葉など軽いものを引きつけることを述べている。今でも乾燥する季節には、スカートの裾がまつわりつくことがあるが、これも摩擦によって生じる**摩擦電気**が原因である。同様な報告は、ギリシャ時代にたくさんある。アラビア語では、"藁を引くもの"という言葉があるそうだ。

嵐の夜、船の帆柱の先が光る現象は、セント・エルモの火と呼ばれていた。漢字の「電」は、稲妻のことである。雨かんむりの下の字形は、稲妻が伸びていく様子を象形化したものだという。"陰陽が合体して稲光が出る"という説明が昔の辞書にある。古くは『詩経』に、雷が「震電」するという言葉がある。雷電は、恐ろしいが雨をもた

らすので、世界各地の農耕社会で信仰の対象となった。日本では、菅原道真の怨霊を鎮めるための天神信仰として、各地に広まった。

　琥珀をこすり続けると火花が飛ぶことは、ギリシャ時代に知られていた。しかし、一連の現象を電気としてとらえるようになったのは、ずっと後のことである。いずれにしても、まだ電気「力」という考えはなかった。

磁石ことはじめ

　小アジアのマグネシア（Magnesia）地方に産出する磁鉄鉱が、鉄を引きつけることはギリシャ時代に知られていた。これを天然磁石という。ローマ時代に、ルクレチウスは原子論を、『物の本質について』という長編詩として書いた。その中で"磁石から出る微粒子が空気を割って入り込み、鉄の原子がその隙間へと進む"というような説明をしている。

　漢字の「磁」のつくりは、"小さいものがどんどん増えていく"ということを表わしている。"磁石が鉄を引きよせるのは、やさしいお母さんが子供たちを集めるのに似ている"という説明が昔の辞書にある。アラビア語では、"鉄を引きつけるもの"という言葉がある。

　日本では、狂言に『磁石』というのがある（1464年上演の古記録がある）。田舎者と「すっぱ（詐欺師）」のかけひきの中で、すっぱの太刀を、田舎者が大口をあけて呑み込もうとする。"身どもは磁石の精じゃ"と言う（図1-2）。古くから日本では、磁石は鉄を食べる生き物と考えられて

図 1-2 狂言『磁石』の一場面。「すっぱ」（右）が突きつけた太刀を「磁石の精」（左）が口を開いて呑み込むふりをする〈国文学研究資料館蔵（勉誠出版『狂言絵 彩色やまと絵』より）〉

きたそうだ。

歌舞伎十八番に『毛抜』という演目がある（初演1742年）。主人の婚約者 錦の前が、髪の毛が逆立つ奇病にかかった。お見舞いに来た粂寺弾正は、待つ間に取り出した毛抜がひとりでに立つのを見て、ハテと睨む。天井を槍で突くと、大きな磁石を抱えた忍者が落ちてくる。錦の前は、鉄製の髪飾りをしていたのだ。

16世紀に、錬金術などを研究していたパラケルスス派の者により、「武器軟膏」というものが作られた。これは、人を切った刀の刃に軟膏を塗って、切られた人の傷を治すというものである。遠く離れたところへ作用する性質を磁石が持つという考えの、極端な例である。しかし、まだ磁気「力」という考え方ではない。

第1章 触れていないのに働く力——万有引力、電気力、磁気力

⚡ 羅針盤（磁気コンパス）

　磁石に吸いついた鉄の針が南北を指すことの最初の記録は、11世紀中国宋代の沈括(しんかつ)の『夢渓筆談(むけいひつだん)』にある。12〜13世紀にかけて、これがアラビアから南ヨーロッパへと伝わった。最初は、水の上に鉄の針を浮かべていたが、後には針が軸のまわりに回転するような装置、羅針盤になった。今でも、山歩きする人は、時計のように磁石の針が回転する磁気コンパスを携帯して、北の方向を知り、地図でルートを確かめる。

　13世紀にP. ペレグリヌスという人が、十字軍遠征先から長い手紙を送った。その中で、磁石について、南北を指すこと、極があって、互いに引き合ったり反発しあったりすることなどを系統的に述べている。

　磁石が指す方向が真北から少しずれていること（ずれの角度を**偏角**という）も、だんだんと知られてきた。磁石は、地球の北を指すのか、天球の北を指すのか、どういう性質かが議論された。大航海時代になると、偏角が場所によって異なることも分かってきた。たとえばC. コロンブスは、1492年に、アゾレス群島コルヴォ島のあたりで、羅針盤の指す方向が北北東から北北西へ変わることを記している。つまり、偏角の符号が正から負へと変わったのである。

　羅針盤の磁石が水平方向から下向きへ傾くこと（この角度を**伏角**(ふっかく)という）も、16世紀に羅針盤職人R. ノーマンによって発見された。伏角の存在は、磁石の指す方向は地球

と関係することを示唆する。その点を解明したのが、W. ギルバートである。

1.3 ギルバートが拓いた静電気磁気学

ギルバート

図1-3 W. ギルバート

摩擦電気などの静電気や磁石の磁気について、近代的な研究の道を拓いたのは、16世紀の人W. ギルバート（図1-3）である。彼は、ケンブリッジ大学を卒業し、王立医師会会長やエリザベス女王（1世）の侍医の一人であった。そのかたわら、電気や磁気の研究を行い、1600年に『磁石論』を刊行した。この本の正式の名称は、"磁石と磁性物体について、そして大きな磁石である地球についての多くの論述と実験によって証明された新しい自然哲学"である。ところが、序論に続く第2巻を開くと、図のような「回転子」が出てくる（図1-4）。これは磁気コンパスではなく、摩擦した琥珀などを針先に近づけると、針が回転する、すなわち摩擦電気を検出する装置（検電器）である。

図1-4 ギルバートの回転子

⚡ 検電器を作ろう

ギルバートの検電器にあたるものは、例えば長めの縫い針（鉄の釘や針金でもよい）を糸で吊るすと、簡単に作れる（図1-5）。ストローを布でこすると摩擦電気が発生する。そのストローを針の先へ

図1-5 縫い針を吊るした検電器

近づけると、引き寄せられて針が回転する。アクリルの棒、ガラスの棒などをこすって近づけると同様に針が引きつけられる。

ギルバートは、何十もの物質について、実験を行った。そして、琥珀（ラテン語でelectrum）のように針を引きつける物質をelectricumと命名した。また、引きつける力を、vis electricaと呼んだ。後に、日本でも平賀源内がエレキテルとして紹介し、今でも電気のことをエレキという（エレキギターなど）。

ギルバートの実験は、後に3.3節で述べる、導体の静電誘導を利用したものである。だから、いつも引力しか生じない。この引力は、"琥珀などが「水」元素に富むところから、一種の「湿気」が流れ出して作用する"とギルバートは考えた。試しに、琥珀と回転子との間に物体を置くと、この力は遮られる。このように、彼はある意図を持って実験し、その結果を考察して議論を進めている。それを新しい自然哲学と称した。

回転子を磁石で作れば、別の磁石との間の力を検出できる。縫い針やクリップを磁石にくっつけると、その縫い針やクリップが磁石になる。それを吊るせば磁気的な力も容易に検出できるので、ぜひやってみていただきたい。また、この針はほぼ北を向くこともすぐわかるだろう。

磁気と電気は違う

　磁石になる物質は、鉄、ニッケル、いくつかの鉱石などに限られている。磁石になる鉄の鉱石は、赤い赤鉄鉱（三酸化二鉄、Fe_2O_3）や黒い磁鉄鉱（四酸化三鉄、Fe_3O_4）などがあるが、マグネシア地方で産出されるので、ギリシャ人はその類の物質を「マグネシアの石」（magnetis lithos）と呼んだ。

　磁石に別の鉄の針などをくっつけると、新しい磁石ができる。さらにその先に別の鉄針をくっつけると次々に新しい磁石ができる。スチールボードや冷蔵庫の扉にくっつけるフェライト磁石を使って遊んだことがあるだろう。ギルバートは磁石と鉄は同類の物質（magneticum）であるとした。今にいたるマグネットなどの語源である。ギリシャ時代には、天然磁石は石、鉄は金属と、別種の物と考えられていた。

　ギルバートは、鉄は融かすと磁石ではなくなるが、冷えると磁石になることを示した。そうして、磁石になる物質（今では**磁性体**という）同士は、互いに"接合"しあう性質を持っているとした。この接合へ向かう傾向は相互的で、空間を越えて二つの磁性体の間に作用する。中間に物体を

置いても遮断されない。このように、離れて置かれた磁石の間には、空間を飛び越えて働く遠達力があるとした。電気の場合は、"湿気"のようなものが媒介して力が働くと考えていた。磁気では、そういうからくりはなく、途中の物質との接触なしで、飛び離れた磁石の間に力が働く。

もちろん、このような形での電気力と磁気力との違いの説明は、今から見れば間違いである。しかし、こうして接触なしの力が初めて考えられたのである。

地球は大きな磁石

次にギルバートは、磁石の針が北を指す指向性や、偏角、伏角（彼は俯角と呼んだ）の研究に進む。そのために彼は、天然磁石を球の形に研磨した磁石（テレラ＝小地球、図1-6）を作り、その周りに磁石の針を置いて、その

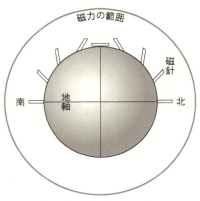

図 1-6 ギルバートのテレラ

様子と地球の各地点での様子とを比較して偏角、俯角などを系統的に調べた。同じ緯度ならば、地球でもテレラでも同じ俯角が得られる。これらのことから、地球は大きな磁石であることを実験的に立証した。磁気の北極は、自転軸の北極とは違うことも示した。

磁石に働く力は、接近するほど強くなる。しかし、かなり離れていても働く。磁気力の作用範囲のようなものを、ギルバートは示している。地球が磁石であるということは、ギリシャ時代から言われてきたように地が天に比べて賤しい存在などではなく、物理の対象となる物質だという世界観へと導く。また地球に磁気があることは、地球が自転していることに別の意味があることを示唆し、地動説を支持する。

1.4 逆二乗則への道

ギルバートの『磁石論』は、遠く離れた物体の間に接触抜きで力が働くことがあるという考え方を示した。その影響を最も大きく受けたのは、当時惑星の軌道を研究していたJ. ケプラーである。彼はもともと、太陽が惑星を動かす力の中心だと考えていた。太陽も磁石かもしれないと、ギルバートに勇気づけられた。実際、没後にまとめられた遺稿『宇宙論』の中でギルバートは、月の運動は地球の磁気によるかもしれないと述べていた。

ケプラーは、惑星の軌道運動に関する3法則を示した。彼は、太陽が惑星を軌道に沿って動かしていると考えてお

第1章 触れていないのに働く力——万有引力、電気力、磁気力

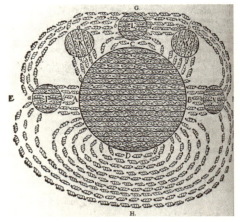

図1-7 デカルトが構想した渦としての磁気（アメリカ議会図書館蔵、R. Descartes, *Principia Philosophiae* [Amstelodami, apud Ludovicum Elzevirium, 1644], p. 274 より）

り、まだ、ギリシャ時代の考え方から脱け出せなかった。しかし、太陽と惑星とを結ぶ直線の動きから、いわゆる面積速度一定という第2法則を導いた。R. デカルトは、宇宙空間は渦で満たされ、地球の磁気は北極から出て南極へ吸い込まれる渦の流れだとした（図1-7）。

私は仮説を作らない

これまで述べてきた状況から脱け出して、惑星の軌道を曲げるためにこそ力が必要だということを正しく指摘したのは、R. フックである。これを受けて、I. ニュートンは、力が速度の変化、すなわち加速度をもたらすという力

学の法則を作り上げた。その法則を用いて、距離の2乗に逆比例する万有引力からケプラーの3法則を導いた。さらに、地表の重力、月の軌道、潮汐を説明した。

　ニュートンにとっては、万有引力の存在を確認するには、これで十分であった。彼は言う。

> この力はある原因から生ぜられる……
> しかし私は仮説を作りません

"why"（なぜそうなるのか）は問わずに、"how"（どのように具体的かつ数量的に説明できるか）を問題としたのである。これは、スコラ哲学から自然科学への分かれ目である。

　ニュートンに対してはフランスなどの欧州大陸の学者から、肝腎の根拠を言わない神秘主義だという批判が多くあった。万有引力は、力を直接的に測る実験をして、定めたのではない。それは運動を計算するために推定されたものである。その意味では一種の仮説である。しかし、計算の結果を惑星軌道、地表重力、月の公転などの観測結果と比較することにより、正しさは確立されて、もはや仮説ではなくなった。それ以上にからくりを詮索することは、観測とは無縁だからしないというのがニュートンの考え方である。

　一方ニュートンは、地球の月に対する引力は、地球の全質量が中心に集まった点（質点）の作る引力に等しいことを示した。それをまず示さなければ、月の公転運動は計算

第1章 触れていないのに働く力――万有引力、電気力、磁気力

できなかった。その過程で、地球内部の空洞の中には重力が働かないことも示した。これらのことは、後に電気力が逆二乗則であることを確かめるのに役立った。

⚡ 電気・磁気の逆二乗則

ニュートンは、磁石の力は距離の3乗に逆比例するとした。これを立証しようとする実験が、後になされた。また、磁石のN極、S極による力が逆二乗則にしたがうことを示す実験もなされた。

特にC. A. クーロン（図1-8）は、小さい磁極を作り、ねじれ秤（はかり）によって小さな力を測定できる装

図1-8 C. A. クーロン

置（図1-9）を考案した。彼は長さ64 cm、太さ0.3 cm程度の細長い磁針を用意した。まず、この磁針のN、S極は、端から2 cm以内の所にあることを確かめた。したがって、例えば2本の磁針のN極同士を20 cm程度の距離に置けば、S極からの力を無視して、N極間の力を測定できる。こうして、三つの距離（24、17、12）について測った力と距離の2乗との積は、ある単位を用いて、（497,664、488,988、476,928）であった。このデータから彼は"磁気力は距離の2乗に逆比例すると**正確に言える**"と結論した。

電気力についても同様な実験をした。電気力、磁気力ともに、クーロンの実験による逆二乗則が、多くの電磁気学の教科書の出発点となっている。

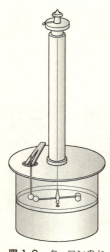

図1-9 クーロンのねじれ秤

しかし、クーロンの論文のデータを素直に見ると、磁気力については上に述べた通りである。また、電気力は距離の1.93乗に逆比例しているようである。つまり、距離の1乗、2乗、3乗の中のどれに逆比例するかと言えば、逆二乗則だ、というのが実験からの正直な結論であろう。

実はこのころ、B. フランクリンが、空き缶の中には電気力が働かないことを報告していた。ニュートンの地球内空洞で重力が働かないという理論に照らして、電気力も逆二乗則にしたがうという予想を立てて、クーロンの実験はなされたのである。このように、逆二乗則は、単純に測定結果によって帰納的に得られたものではない。ではどのようにして確立されたのかを、電気力について第2章でさらに詳しく述べる。

第2章
正電荷から発生し、負電荷で終わる電気力線

電気にプラスとマイナスがあることは、いかにして明らかになったのか？ 電荷どうしの引力と反発力は、摩擦電気の研究から徐々に解明され、電気力線、電場、電位などの現在私たちが親しんでいる道具立てへと発展した。電気力線の振る舞いが、電気を読み解く鍵である。

2.1 電子の電荷は空間に分布している

電気力線

電磁気学の理論は、普通は二つの点電荷の間に働く電気力（クーロン力）から始まる。しかし、大きさのない幾何学的な点に電荷があるとは、物理としては考えにくい。また、電気、力および、電場という概念は、抽象的で取りつきにくい。そこでじっくりと考えていこう。

一つの電荷が置かれたときそのまわりの空間は、そこへ第二の電荷を置くと電気力が働くという点で、電荷の無い場合とは異なる状態にある。電気力は一種の力であるから、働く方向を持っている。空間の各点に電気力を描くと、それを連ねた直線または曲線が見えてくる（図2-1）。これを**電気力線**という。すなわち、電荷のまわりの空間

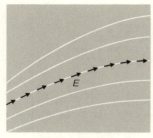

図2-1 電気力線

は、電気力線が張りめぐらされた状態にある。一方、点電荷というのは、何らかの物体に集まっている電荷が作る電気力線を、外から見ると一点に集中した電荷が作る電気力線とみなすのである。

本書では、電荷は物質中に分布し、それが作る電気力線を実体のあるモノのように考えて、電荷と電気力線との関係について議論を進める。もちろん、昔空想されたように、"湿気"などの物質が流出しているのではない。しかし、電気力線を広い意味でのモノの一種だとするイメージの助けを借りれば、より直観的に電気現象を理解できる。

素電荷

物体が持つ電荷の単位はクーロンで、記号「C」で表わされる。ミクロには、電荷は物質を構成する原子核と電子によって担われている。原子番号Z（たとえば8番）の原子（酸素）の原子核は$+Ze$（$8e$）の正電荷を持っている。一方、（酸素）原子にはZ個（8個）の電子がある。電子の電荷は$-e$である。eは、このように電荷の単位量で、**素電荷**と呼ばれる。eの値は、約1.6×10^{-19} Cで、きわめて小さい。このため、マクロの電荷量は実際には連続量のように見える。

発展コラム　電荷分布Ⅰ——電子密度の雲

量子力学と電子の雲　原子の中の電子の状態は、量子力学によって計算される。量子力学では、電子の運動は波としてあつかわれる。原子核からの電気力によって閉じ込められた電子は、空間に分布した雲のように表わされる。たとえば、水の分子の電子雲の様子は、図2-2のようである。このように、電子の電荷がある密度を持って空間に分布している、というイメージを基にして考えていこう。いくつかの原子が結合して分子を作ったり、固体となったりする場合についても、今では電子雲の密度分布は計算や実験によって詳しく分かっている。

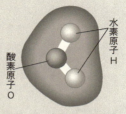

図 2-2　水分子の電子雲

　厳密に言えば、この密度は電子がその点で粒子として観測される確率を表わすものである。そのときは、電子は1個の粒子として観測される。これらの詳細は、量子力学を学んで初めて本格的に理解できる。しかし、電磁気学の議論では、電子がバラバラの点というよりは、雲のようなものだというイメージが量子力学によって確立されていることを前提として話を進める。

電子のスピン　量子力学で分かったもう一つの重要な概念は、電子にはスピンという物理量があることである。スピンは自転運動であるが、量子力学と相対性理論により、その回転軸の向きは上向きと下向きの二つに限られている。これにより、電子は小磁石となっている。このことについては、第6章で、詳しく述べる。

パウリの原理　また、量子力学の基本原理として、多数の電子を扱うとき、電子がとり得る状態について、パウリの原理という制約が働

く。同じ状態、たとえば同じ位置にスピンが同じ向きの電子が2個同時にいることはない、二つの水素原子が同じ位置にいることはない、と直感的には考えられるが、それは実はパウリの原理によるのである。

原子核にも内部の構造がある。しかし、本書では原子核の中までは立ち入らないこととして、原子核は正電荷の点だとする。

2.2 正と負の摩擦電気

すでにギルバートが述べたように、多くの物質が摩擦によって電気を帯びる。ギルバートの検電器では、常に引力が働く。しかし、実際には、摩擦電気には、正と負とがある。

ストロー検電器で摩擦電気を調べる

1.3節で使った針の代わりに、布で摩擦したプラスチックのストローを糸で吊るして、検電器を作ろう（図2-3）。これに、同じく摩擦した別のストローを近づけると、激し

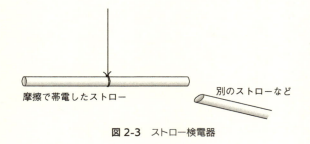

図 2-3 ストロー検電器

く反発して避けるように回転する。2本のストローの電荷の間には、斥力が働く。

次に、アクリルやガラス棒を摩擦して、吊るしたストローに近づけると、今度は引力が働いて回転する。アクリルやガラス棒に生じた摩擦電気は、ストローの場合とは異なる種類のものだ。

正電荷、負電荷

物質の組み合わせによるさまざまな摩擦電気を整理したのは、C. F. C. デュフェーである。彼は、一つのグループを「ガラス電気」と名づけた。このグループには、水晶、宝石類、動物の毛などが属する。もう一方のグループ「樹脂電気」には、琥珀、ワニス用樹脂、ゴムラック、絹糸が属する。

アメリカ独立宣言の起草者の一人であるB. フランクリン（図2-4）は、電気の研究も行った。彼は、電気流体は1種類で、それを多く含むものが正の電荷、少ないものが負の電荷であると考えた。そうして、デュフェーのガラス電気を**正電荷**、樹脂電気を**負電荷**というように、電荷の符号を定

図 2-4 B. フランクリン

義した。この考え方では、正と負の電荷が同じ量あれば、打ち消しあって中性となる。また、符号付きでの電荷の総和は一定である。これを**電荷の保存**という。

正と正、負と負のように、同じ符号の電荷の間には、斥力が働く。一方、正と負の電荷の間には、引力が働く。さまざまな物質を摩擦して、摩擦電気の符号を調べてみよう。

　摩擦電気は、二つの物体の表面をこすりあわせたとき、電子の移動が起こることにより発生する。ストローには電子が余分に入り込むので負、アクリルからは電子が剝ぎ取られるので正、というように帯電電荷の符号が決まる。したがって、どちらが正に帯電するかは、摩擦しあう物質の組み合わせによる。同じ物質でも、たとえば雲の中の氷粒同士のように、摩擦によって正と負との電荷が生じる場合もある。フランクリンの定義により、電子の電荷の符号は負である。彼が符号を逆に定義してくれていたら、電子の電荷は正電荷となり、その移動による電荷の変化との関係が簡単になり、便利だったのに！

　摩擦電気の電荷の大きさは、マイクロクーロン（$1\ \mu C = 100$万分の$1\ C$）の程度である。

　摩擦電気は、小さい粒子を引きつけるので、集塵器、複写機、印刷機、塗装などさまざまに応用されている。摩擦電気を取り除くには、湿気など電気を伝えるものによって、溜まっている電気を逃がしてやればよい。摩擦電気の実験では、時々ストロー検電器の電荷をウェットティッシュなどで取り除いてリセットするとよい。また、人体自身も摩擦電気を帯びやすいので、指先の電荷を逃がしたり、身体に溜まった電荷を足先などを地面に裸足で付けて逃がしたりするなどの注意が必要である。地面は電気を伝える

ので、電荷を遠くへ逃がす。地面へ電荷が逃げるようにすることを、アースすると言って、電気の実験をするときの基本である。

2.3 電荷と電気力線、電場

電気力線の観察

電荷と電気力線の関係を調べよう。電気力線の様子を観察するには、まずサラダオイルなどの少し粘り気のある液体に、細長い小さな物体（たとえばレタスの種子や、ジオラマ用のカラーパウダー）をばらまく。サラダオイルの中に金属（たとえば画鋲）を置き、それに摩擦で作った静電気を移す。そしてサラダオイルを揺すると、種子などが向きをそろえて直線や曲線状に並ぶ。これが電気力線である。図2-5(a)は、単一の正電荷の周りの電気力線が、電荷から四方八方へ放射する線状になることを示している。

二つの画鋲を置き、一方に正、他方に負の電荷を与えると、電気力線が二つの電荷を結ぶ様子が分かる〈図2-5(b)〉。電気力線の向きは、正電荷から出て負電荷に終わるものと定義する。両方ともに正電荷を与えると、両者から出発した電気力線は、中間で反発しあい、横へ広がっていく〈図2-5(c)〉。これらの電気力線の様子を見ると、電気力線は、線に沿っては縮もうとし、線の横方向へは広がろうとすることが分かる。つまり、一本一本の線そのものは縮もうとし、線同士は互いに横方向に広がろうとする。

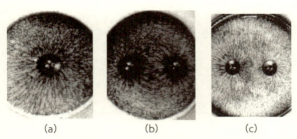

図 2-5 画鋲に電荷を与えた場合の電気力線。(a) 1 個の画鋲に正電荷を与えた場合。(b) 2 個の画鋲に正と負の電荷を与えた場合。(c) 2 個の画鋲にいずれも正電荷を与えた場合

電場ベクトル

　電気力線上のある点に電荷qを置くと、電気力はqに比例する。その方向は、電気力線の接線の方向である。その大きさは、その点近くの電気力線群の電気力線に垂直な断面あたりの密度に比例する。その密度を電場の強さといい、記号Eで表す。

　天気予報では各地点での風向きを表わす矢印の集まりが示される（図2-6）。風速の大きさは、テレビの画面では色で表されることもあるが、その地点での矢印の矢羽根の数が多いほど、風速は大きい。空気の流線に当たるのが電気力線である。このように風の速度は、風向きという方向と、風速という大きさで表わされる。

第 2 章　正電荷から発生し、負電荷で終わる電気力線

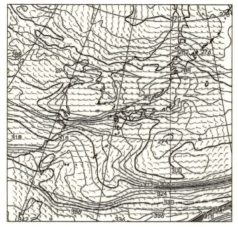

図 2-6　2016 年 1 月 1 日発表の数値予報天気図の一つ（気象庁 Web サイトより）。図中の数値は気温（単位はケルビン）。風の速度は、空間各点でそれぞれ異なる向き・速さを持ち、ベクトル量の例となっている

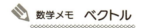

ベクトル　風の速度は、風向きの方向を向き、その速さは風速 20 m/s などと大きさを持つ。電気力は、二つの電荷を結ぶ方向を向き、大きさは 10 N（ニュートン）などと表わされる。

　一般に、方向と大きさを持つ量を、数学ではベクトルという。ベクトルは、速度ベクトル**v**、電気力ベクトル**F**のように、太字のイタリックで表わす。図では、ある方向を向いた矢印で表わし、矢の長さが大きさに比例するように

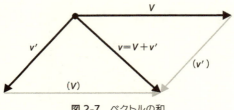

図 2-7　ベクトルの和

描く。

数式では、ベクトルは座標方向の成分の組で表わす。たとえば、本塁を座標原点とすれば、一塁線方向を x 軸、三塁線方向を y 軸、鉛直上方を z 軸とする。各方向の速度成分の組で、打球の速度 $\mathbf{v}=(v_x, v_y, v_z)$ というように表わす。点の位置ベクトルは、$\mathbf{r}=(x, y, z)$ である。ベクトルの大きさは、成分からピタゴラスの定理を使って、

$$v = (v_x^2 + v_y^2 + v_z^2)^{1/2}$$

と求められる。大きさ v を $|\mathbf{v}|$ と書くこともある。

ベクトルの和　地上から見て速度 $\mathbf{V}$ で動いている列車の中を速度 $\mathbf{v}'$ で動いている人の、地上から見た速度 $\mathbf{v}$ は、$\mathbf{v}=\mathbf{V}+\mathbf{v}'$ とベクトルの和で与えられる。これを、作図で表わすには、$\mathbf{V}$ の矢印の頭から $\mathbf{v}'$ の矢を描き、その先端に向けて $\mathbf{V}$ の根元から矢を描けばよい（図2-7）。数式では、各成分ごとに和をとればよい。すなわち、

$$\mathbf{v} = \mathbf{V} + \mathbf{v}' = (V_x + v'_x, V_y + v'_y, V_z + v'_z)$$

である。ベクトルの差は、$v'=v-V$のように求めればよい。

　電場は、電気力線の接線の方向を向き、大きさがEであるような、ベクトルである。これを**電場ベクトル**といい、Eで表す。同様に、電気力も大きさと方向とを持つベクトル量だから、電気力ベクトルといい、Fで表わす。風の速度や電気力、電場のように、空間のある領域にわたって、各点にベクトル量が分布しているものを、**ベクトル場**という。

　以上に述べたことをまとめると、電気力ベクトルと電荷、電場ベクトルの間には、次の式が成り立つ。

$$\text{電気力}(F) = \text{電荷}(q) \times \text{電場}(E) \tag{2.1}$$

　電場Eの単位は、力の単位ニュートン(N)/電荷の単位クーロン(C)である。

2.4 電荷と電場の関係、ガウスの法則

点電荷が作る電場

　電荷Qを半径aの金属球に与えると、この電荷の小部分の間に斥力が働くので、互いにできるだけ遠ざかろうとする。その結果、電荷は球の内部にはなく、表面にのみ分布

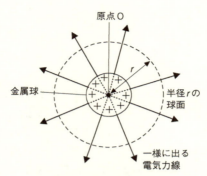

図 2-8 金属球による電気力線

する。表面でも互いに遠ざかるために表面に沿って一様に広がる。このように表面に一様に分布した電荷による電気力線は、立体的にあらゆる方向へ放射状に広がる直線群である（図2-8）。そこで、球の中心点Oを中心とする半径rの球面を貫く電気力線の総数は、rがaよりも大きければrの値によらず一定である。

その球面での電気力線の面密度は、球面の表面積$4\pi r^2$に逆比例する。こうして

電場（E）は距離（r）の2乗に逆比例する

という**逆二乗則**が成り立つ。このとき、指数2は表面積と半径との関係を表わす整数2である。

また、電場（E）は、電荷（Q）に比例する。すなわち、金属球による電場は、金属球の外では、中心Oに置

かれた電荷Qによる電場に等しい。その様子は、ニュートンが示した、地球の万有引力は地球の全質量が地球の中心に集まった質点の万有引力に等しいことと同じである。これが点電荷による電場の物理的意味である。

点電荷による電場ベクトル

点r'にある電荷Qが、点rに作る電場$E(r)$を考えよう。この電場は、$r-r'$の方向を向いている（図2-9）。その方向の単位ベクトルは、ベクトル$(r-r')$を長さ$|r-r'|$ $= [(x-x')^2 + (y-y')^2 + (z-z')^2]^{1/2}$で割ったものである。

電場ベクトルEは

$$E(r) = \frac{Q}{4\pi\varepsilon_0} \frac{r-r'}{|r-r'|^3} \tag{2.2}$$

と表わされる。$\frac{1}{4\pi\varepsilon_0}$は比例定数で、その値は$9.0\times10^9$ N・m²/C²である。N（ニュートン）は、力の単位である。このような複雑な形で表わしたのは、国際単位系の習慣であ

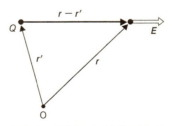

図 2-9 点電荷による電場ベクトル

るが、それには便利な点がある。ε（イプシロン）は誘電率と呼ばれる量を表わす記号であり、ε_0を**真空の誘電率**という。その意味は、後で分かる。

電場を作る点電荷が多数ある場合には、それぞれの点電荷が他の電荷とは独立に電場を作ることが実験から分かっている。したがって、全体の電場は各点電荷が作る電場ベクトルの和をとったものとなる。これを**重ね合わせの原理**という。

ガウスの法則

以上の考察は、球面に限らず、金属球を包みこむ任意の閉曲面に拡張できる（図2-10）。また、1個の金属球に限ら

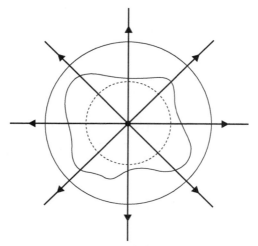

図 2-10 任意の閉曲面とガウスの法則

ず、多数の金属球がある場合にも、それぞれの電荷による電気力線について成り立つので、結局次のことが成り立つ。

> 任意の閉曲面を貫く電気力線の総数は、閉曲面に包みこまれている電荷の総数に比例する

ここでいう「貫く電気力線の総数」とは、外向きを正、内向きを負とした代数的な総和である。包みこまれている電荷も、もちろん正負の符号付きの総和である。

数学メモ ベクトルの面積分

閉曲面を貫く電気力線の総数は、図を描けば直観的にわかる。これを数式的に計算するには、まず閉曲面を微小な部分に分割して、そこを貫く電気力線の本数を考える（図2-11）。電気力線が面に垂直であれば、本数は$E \times \Delta S$に

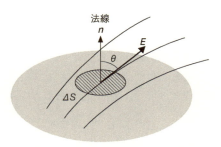

図2-11 微小な閉曲面を貫く電気力線

比例する。電気力線が面の法線ベクトルn（面に垂直な方向の長さ1のベクトル）に対して傾いている場合には、$E\Delta S \cos\theta$に比例する。θはnとEとの角度である。$E\cos\theta$は、電場ベクトルEの法線成分であり、$E_n = E\cdot n$とスカラー積（p. 48の数学メモ参照）で表わされる。$\Delta S n$をΔSというベクトルで表わすことにすれば、結局$E\cdot\Delta S$に比例する。この量を閉曲面全体で積分した量が、

$$\int E_n \mathrm{d}S = \int E\cdot \mathrm{d}S$$

である。このような積分を**面積分**という。

この表式は、一般に複雑に変化するEに対しても使える計算式であって、本書では実際には電場と面積の積ですむ場合のみをあつかう。

閉曲面を貫く電気力線の数を、面密度である電場ベクトルの法線成分の積分で表わし、比例定数をε_0とすれば、

$$\varepsilon_0 \int E_n \mathrm{d}S = \varepsilon_0 \int E\cdot \mathrm{d}S = Q \tag{2.3}$$

となる。これを**電場のガウスの法則**という。

こうして、たとえばナトリウムイオン（Na^+）を包みこむ球面での電場は、イオンの中心にある点電荷$+e$の作る電場に等しい。

逆二乗則の実験的検証

金属球内に空洞があるとき、その中には電場はない。また、金属中にも電場はない。これらから、空洞の内壁には電荷がない。イギリスの貴族H. キャベンディッシュ（図2-12）は、18世紀後半にこのことを調べた。彼の仕事は埋もれていたが、後に一族が彼の遺稿を整理する条件付きで、ケンブリッジ大学へ実験室を寄付した。

図 2-12 H. キャベンディッシュ

初代"キャベンディッシュ教授"職に就任したJ. C. マクスウェルは、キャベンディッシュの次の実験に注目した。実験装置のスケッチを図2-13に示す。

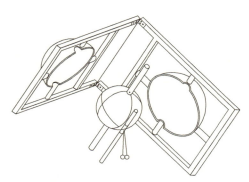

図 2-13 キャベンディッシュの実験装置

内側の球に錫箔を貼る。同じく錫箔を貼った二つの半球を閉じて、内側の球を包む球とする。外側の球に電荷を与える。用意した仕掛けによって、内と外の球を針金でつないだ後で、外側の球をふたたび開き、内側の球の電荷を調べる。逆二乗則が成り立つならば、内側の球には電荷は移らない。キャベンディッシュは、指数の2からのずれは±0.02以下であるとした。マクスウェルは、自身でもより精密な実験を行い、指数の2からのずれは、±0.00005以下であることを確かめた。今日では、ずれは1兆分の1以下とされている。

ガウスの法則の議論では、電気力線が電荷のないところで突然現れたり消えたりはしないことが、前提となっている。これは、当然のようだが、逆二乗則の場合にのみ成り立つ。自然は、人間が理解しやすいように作られているのか！

平面電荷による電場

ガウスの法則の応用例として、十分に広い金属板に電荷を与えた場合の電場を求めよう。この場合も、電荷は互いに斥けあって、表面に一様な密度で分布する。それらが作る電気力線は、面に垂直な平行直線群となる。裏側の面からは、表側の面と逆向きの平行直線群となる（図2-14）。表側からの直線方向をz軸とし、板は$z=0$にあるとしよう。電場ベクトルはz成分E_zのみを持ち、その値は座標zによらない。板の裏面から下（$z<0$）では、電場は$-z$方向を向くから、$E_z(-z)=E_z(z)$となる。E_zの大きさと電

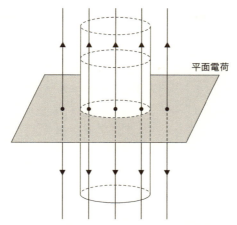

図 2-14 平面に分布した電荷による電気力線

荷密度との関係は、次のようにガウスの法則を用いて求められる。

図2-14のように、面に平行な上下面を持ち、側面は面に垂直な円筒面を閉曲面としてとろう。この面での電場の法線成分（E_n）は、側面では0で、上下面では電場（E_z）と面積の積の2倍となる。一方、円筒内の電荷は、電荷面密度（σ シグマ）と面積の積となる。こうして、$z>0$では$E_z = \dfrac{\sigma}{2\varepsilon_0}$、$z<0$では$E_z = -\dfrac{\sigma}{2\varepsilon_0}$となる。

2.5 電場を勾配とする落差、電位差

質量mの物体に一様な重力（$F = -mg$）が下向きに働いている地表近くで、支えながらゆっくりと高さhだけ上

昇させるには、支える力（$-F=mg$）×移動距離（h）＝mghの仕事が必要である。この仕事により、物体は位置のエネルギーmghを持つ。この位置のエネルギーは、落下運動のエネルギーや別の物体を持ち上げてその位置のエネルギーになる、というように別のエネルギーに転換できる。エネルギーの単位は、力の単位ニュートン（N）×長さの単位メートル（m）で、ジュールといい、記号は「J」である。

一様な電場Eの中で電気力（$F=qE$）を受けている電荷qを支えながらゆっくりと距離dだけ移動させるには、支える力（$-F=-qE$）×移動距離（d）＝$-qEd$の仕事を外からしなければならない。電荷qは、電気的位置のエネルギー$-qEd$を持つ。これを電荷q当たりの量について考えて、

　－電場（E）×移動距離（d）＝$-Ed$

を、**電位差**という。

平均海面を基準にとって標高を表わすように、基準点を決めてそことの電位差によって、各点での**電位**（ϕファイ）を定義する。基準点としては、地表面（アース）をとることが多い。電位が分かっているならば、電場は電位の坂の下り勾配に当たる（図2-15）。電位の単位は、ボルトで、記号「V」で表わされる。

点電荷（Q）が作る電場は逆二乗則にしたがうので、基準点をすべての電荷から十分に離れた点（無限遠）にとるのが一般である。そこから、点r'にある電荷Qが、点rに

作る電位は、次のようになる。

電位（φ）

$$= \frac{Q}{4\pi\varepsilon_0 |\boldsymbol{r}-\boldsymbol{r}'|} \quad (2.4)$$

点電荷が多数ある場合の電位は、各点電荷が作る電位の和である。

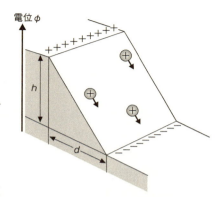

図 2-15　電位の下り勾配が電場

電位φの点にある電荷（q）は、位置のエネルギー（ポテンシャルエネルギーともいう）$q\phi$を持つ。たとえば、原点にある水素原子の原子核による電位φは、電荷が$Q=+e$であるから、$+\dfrac{e}{4\pi\varepsilon_0 r}$である。その点にいる電荷が$-e$の電子のポテンシャルエネルギーは、$-\dfrac{e^2}{4\pi\varepsilon_0 r}$となる。

二つの点、A、B間の電位の差$\Delta\phi = \phi_A - \phi_B$を、電位差という。次章で述べる電流の場合には、電位差を電圧ということが多い。位置ベクトル$\boldsymbol{r}$で表わされる点と、そこから$\Delta\boldsymbol{r}$だけ離れた点との電位差$\Delta\phi$は、スカラー積を使って、

$$\Delta\phi = -(E_x\Delta x + E_y\Delta y + E_z\Delta z) = -\boldsymbol{E}\cdot\Delta\boldsymbol{r} \quad (2.5)$$

である。

数学メモ 二つのベクトルのスカラー積

スカラー積 一般に、二つのベクトル**A**と**B**とのスカラー積は、記号$\boldsymbol{A}\cdot\boldsymbol{B}$で表わされる。その定義は、

$$\boldsymbol{A}\cdot\boldsymbol{B}=AB\cos\theta=A_xB_x+A_yB_y+A_zB_z$$

である。θは、**A**と**B**との角度である。スカラー積は、ベクトルの成分からも計算できる。

Aと**B**とが直角なときは、$\theta=\dfrac{\pi}{2}$であるから、$\boldsymbol{A}\cdot\boldsymbol{B}=0$となる。

Δrが電場Eに垂直であれば、電位差$\Delta\phi=0$である。電位ϕが一定の面を**等電位面**という。等電位面に沿っては電場$E=0$である。電気力線は等電位面に対して垂直である。地図でいえば、等電位面は等高線にあたり、電気力線は下り勾配の方向にあたる。等高線が込み合っているところほど勾配はきつい。同様に電場の大きさEは等電位面の間隔に逆比例する。

空間に分布している電荷による電位は、電場について前節で述べたように重ね合わせの法則が成り立つので、電位についても同様に各電荷による電位を重ね合わせたものが全体の電位となる。

摩擦電気を大量に溜める試みが、17世紀の後半からなされた。O. ゲーリッケ（図2-16）は、真空ポンプを作り、半球を合体した球内の空気を抜くと、半球が引き離せ

ないという実験で有名である。彼はまた、硫黄で覆った球を回転しながら摩擦し続けると、たくさんの電荷が溜まりパチパチと音を立て、夜ならば光が見えることを示した。同符号の電荷の間には斥力が働き、帯電した物体は電位を持つ。そこへさらに同符号の電荷を運び込むには、外から仕事をしな

図2-16 O. ゲーリッケ

ければならない。このような装置を起電機という。ゲーリッケの起電機では、硫黄の球をこすりながら回転することにより仕事がなされた。

18世紀になると、摩擦を手ではなく機械的に行う起電機が開発された（図2-17）。さらに、ゴムなどのベルトコ

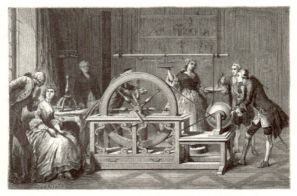

図2-17 ホークスビーの起電機で実験し、見物する人々

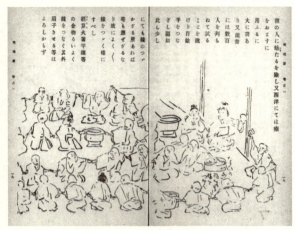

図 2-18 橋本宗吉『エレキテル究理原』に収録されている「百人おどし」の再現図（国立国会図書館デジタルコレクション蔵）

ンベヤーを使って大量の電荷を集め、100万ボルト級の高電圧を作る装置が作られ、20世紀では原子核の実験に使われた。

日本では、18世紀に平賀源内がオランダ人からもらった起電機を修復し、「エレキテル」と呼んで見世物とした。大勢の人々に手をつながせておき、両端の人に電極を触らせて一斉に電気ショックを感じさせる「百人おどし」などをした（図2-18）。19世紀には、橋本宗吉が摩擦電気のリストを自分で調べて、『エレキテル究理原』という書物を出した。

第3章
電流は通すが電場は通さない導体

> 電池をつないだ導体には、電気が伝わる。しかし、そもそも"導体に電気が伝わる"とは、どのような物理現象なのか？ 電気伝導の発見と電池の発明は、電気の研究に新たな展開をもたらした。その応用の一つであるコンデンサーは、現代を支える電子機器に欠かせない。

3.1 導体と絶縁体（不導体）

2.5節の最後の方で述べたように、電気を蓄える試みがなされる中で、電気の諸現象（ものを引きつけたり、放電したりする）は、摩擦電気が発生した場所や、蓄えられた場所に限らずに、離れた場所でも起こることに人々は気づくようになった。

テームズ川を越えて伝わる電気

電気が伝わる場合、伝わらない場合を詳しく調べたのは、カンタベリーの染物屋の若旦那S.グレイである。彼は、たとえば麻糸や荷造り紐を絹糸で吊るしておくと、数百フィート（1フィートは約30 cm）離れたところで軽いものを引きつけることを1729年に観測した。針金だと896フィート（約273 m）、さらにはテームズ川を越えても電気が伝わった。水などの液体、さらには人体も電気を伝え

る。平賀源内の百人おどしの原理である。このように、電気を伝える物質を**導体**という。

一方、髪の毛、樹脂、繊維、紙、陶器などは電気を伝えない。そのような物質を**絶縁体**、または不導体という。導体と不導体との中間にあるのが、**半導体**である。

当時は、電気は電液という一種の液体と考えられていた。今では、導体の中には、自由に動ける電荷を持った粒子(電子、正イオン、負イオンなど)があることが分かっている。不導体の中では、自由に動ける電荷を持った粒子の数密度(単位体積当たりの個数)が、導体に比べると桁違いにきわめて小さい。半導体では、自由に動ける電荷粒子の数密度が導体と不導体との中間程度で、不純物や温度などの環境に応じて微妙に変化する。これらの詳細については、だんだんと述べていこう。

グレイの実験で、麻糸や荷造り紐が電気を伝えた。これらの繊維自身は不導体である。しかし、繊維をよりあわせた糸は、水分を含むので、電気を伝えたと考えられる。摩擦電気が人体に溜まると、ドアのノブなどに触れたときに放電して、いわゆる静電気ショックを受ける。麻や絹の衣服を着ていると、あらかじめ電気を逃がすので、ショックが軽い。静電気ガード剤は、電気を伝えやすい(逃がしやすい)液体である。

グレイは、ニュートンと不仲だったので、ニュートンが死ぬまでは、学者が意見を交換する場であるところの王立協会に出入りできなかった。そのころ、電荷を大量に蓄える電気瓶が発明された。これを使って、テームズ川を越え

て電気を伝える実験が、1747年に王立協会のM.フォークスらによって行われた。サイエンスショーは昔からあった。

3.2 電流の味は？ ——電池の誕生

動物電気

イタリアの解剖学者L. A. ガルヴァニ（図3-1）は、蛙の解剖をしているうちに、脚の筋肉が痙攣することを発見した。彼の奥さんが、吊るしてあった蛙の脚にメスで触ると痙攣した。そのとき、近くで学生が起電機を動かしていた、というエピソードもある。それを聞いた彼は、蛙の脚の神経を

図3-1 L. A. ガルヴァニ

導線でつなぎ、近くで電気火花を飛ばすと蛙の脚が震えるのを観察した。その後、放電はなくても金属のメスで触るだけでも、痙攣が起こることを確かめた。そのことから、蛙の脚の中で電気が発生すると考え、当時電気の研究をしていたヴォルタに手紙を書いた。

ヴォルタは、後で述べるように、二つの異なる金属の接触による電気の発生を研究しており、蛙の脚の痙攣もその作用と考えた。そうして、二人の間には長い論争が続いた。ガルヴァニは、二つの同じ金属のメスで触ったり、炭

素電極を使ったり、いろいろと実験した。ヴォルタはそのつど反論した。ガルヴァニは、

> 実験では、見たり発見したいと思うものを、見たり発見したりしがちだ

という名言を残している。今では、神経細胞膜の内と外には電位差があるので、外から金属で触れたりして刺激すると電流が流れることが分かっている。だから、ガルヴァニの説も間違いとはいえない。

電流を味わう

図 3-2 A. ヴォルタ

イタリアのA. ヴォルタ（図3-2）は、電気についてたくさんの研究をした。まず、**電気盆**を改良した。これは、樹脂の板に摩擦電気を発生させ、その上に金属板を載せたものである。金属板の樹脂に近い面には、樹脂と異符号の電気が溜まる。遠い面には同符号の電気が溜まる。そちらを逃がせば、異符号の電気だけが残る。これを繰り返すことによって、大量の電気を溜めることができる。彼は、電気を濃縮して蓄える装置として、コンデンサーという名前をつけた。

さて、ガルヴァニの手紙をもらったヴォルタは、次のようなことをした。舌の中ほどに銀貨を載せ、先端に錫箔を

置いて、二つを針金でつなぐと、酸の味がする。金属の位置を取り替えるとアルカリの味がする。ヴォルタはこのことから、異種の金属を液体に浸すと、両者の間に電流が流れる、と考えた。金属の位置を取り替えると電流の向きが逆転する。ガルヴァニの蛙の脚の場合も、電気の源は異種の金属にあるとした。たとえ同種の金属であっても、不純物の種類や濃度が異なれば、まったく同じ金属とは言えない、と彼は言う。

しかし、ヴォルタはガルヴァニの仕事を高く評価し、蛙の脚などの筋肉が痙攣する現象をガルヴァニズムと呼んだ。ガルヴァニの名前は、微小な電流を検出する検流計をガルヴァノメーターというなど、今日に残っている。

電池

液体に接した異種の金属の間に電流が流れることを使って、ヴォルタはいろいろな電源を作った。まず、亜鉛板と銀板を重ね、その上に塩水で濡らした布か紙を置き、さらに亜鉛板・銀板というように重ねてパイルを作った（図3-3）。これを、**電堆**という（「でんたい」とは読まない）。この装置によって、大量の電気を蓄え、電流を流し続けることを可能にした。

さらに、ヴォルタは最初の**電池**を作った。これは、塩水の入ったコップを並べて置き、それぞれのコップに亜鉛と銀のプレートを入れたものである。そして、亜鉛→銀→亜鉛→…というように、導線でつなぐ（図3-4）。すると両端の亜鉛と銀の間に大きな電流を流し続けることができる。

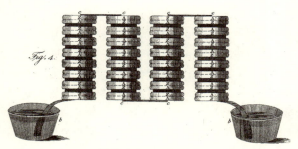

図 3-3 ヴォルタの電堆（ヴォルタの 1800 年の論文に収録されている図）

図 3-4 ヴォルタの電池（ヴォルタの 1800 年の論文に収録されている図）

コップを 20 個つなぐと、水の電気分解ができ、30 個つなぐと電気ショックが十分感じられたという。電池の発明によって、電流を連続的に流すことができるようになり、電流や電気の研究は大いに進んだ。

⚡ 電池のメカニズム

ヴォルタの電堆や電池は、金属が溶液に溶け込む時に解放されるエネルギーが金属によって異なることを利用したものである。たとえば、亜鉛は溶液に溶け込んでプラス 2 価の正イオンになり、2 個の電子を外へ出す。銀は、1 個

の電子を出して、溶液中ではプラス1価の正イオンとなる。このとき、1個の電子当たりに解放される化学エネルギーは、亜鉛の方が銀よりも大きい。そこで亜鉛と銀を導線でつなぐと、電子が亜鉛から銀へ流れる。

ところが、当時は電子の存在は知られていなかった。その状況の中で、歴史的ないきさつから、電流の向きは、銀から亜鉛へと定義されたのである。

そうして、銀は正、亜鉛は負の電極となり、両者の間に電位差が生じる。この電位差を、電池の**起電力**といい、ボルト（V）を単位として表わす。電流が流れるときには、化学エネルギーが電位差に逆らって電荷を運ぶ電気エネルギーに変換されるのである。したがって、電池の起電力は、電極の金属の組み合わせや、化学反応による。

二つの金属プレートを液体に入れたときに、どちらが正極になるかは、解放される化学エネルギーの差による。正極になりやすい順にいくつかの金属を並べてみよう。この系列の前の方の金属が正極、後ろの方の金属が負極となる。

$$\underset{金}{Au} > \underset{パラジウム}{Pd} > \underset{銀}{Ag} > \underset{水銀}{Hg} > \underset{銅}{Cu} > \underset{鉛}{Pb} > \underset{ニッケル}{Ni} > \underset{カドミウム}{Cd} > \underset{亜鉛}{Zn}$$
$$> \underset{マンガン}{Mn} > \underset{アルミニウム}{Al} > \underset{マグネシウム}{Mg} > \underset{ナトリウム}{Na} > \underset{カルシウム}{Ca} > \underset{カリウム}{K} > \underset{リチウム}{Li}$$

なお、炭素〈グラファイト（黒鉛）を粉末状にして固めたもの〉も電極になるが、これはどの金属に対しても正極となる。

この系列は、簡単に確かめることができる。たとえば、

レモンに亜鉛と銅のプレートを差し込んで電池を作ることがいろいろな本に出ている。その電極の金属をいろいろと変えてみると面白い。

今日では、金属の組み合わせで、さまざまな電池が開発されている。また、溶液ではなく、電解質を使った乾電池が主流であり、起電力は1.5 Vになるように設計されている。

自前の電源

電流を流すなどの実験を簡単にするやり方については、次章の4.3節で詳しく述べる。とりあえず、電源は乾電池を使う。「電池ボックス」とか「電池ケース」という名前で市販されている装置に、単三や単四の電池を1本または2本装着し、電極から出ている導線で外につなぐ。この導線としてワニ口クリップ付きの導線を使えば、いろいろなものを挟んで、回路を作ることができる。電流が流れているかどうかを知るには、導線付きの発光ダイオードや電球ソケットと豆電球を使うとよい。

この装置を使って、まずどんな物質が導体で、またどんな物質が不導体かを調べてみよう。水は導体である。水を含んだ濡れた布やウェットティッシュも導体である。人体も導体である。乾電池を使う時は、感電の心配はない。しかし、家庭に来ている100 Vの電源は、場合によっては注意が必要である。特に、右手から左手へというように、電流が心臓を通過することがないように、注意する癖をつけておこう。平賀源内の百人おどしは、危険なショックを与

えかねない遊びだった。

3.3 電荷は導体の表面に集まる

静電誘導

電池でリード線（導線）に電流を流す実験で、ワニ口クリップを外すと、電池の正極につながったリード線の端には正の電荷が残り、負極につながった端には負の電荷が残る。ギルバートの回転子は、どんな摩擦電気に対しても引力を感じた。その後の17〜18世紀の研究により、孤立した導体に正の電荷を近づけると、導体の電荷に近い面には負の、遠い面には正の電荷が誘導されることが分かった。この現象を、**静電誘導**という。

外から電荷を近づけると、導体の中に電場が生じる。この電場によって、導体の中の自由に動ける電荷が移動する。それにつれて導体内の電荷の分布が変わるので、それに応じて電場が変化する。すると自由電荷の移動の様子も変わり、電場がまた変化する。導体が孤立している場合には、電荷の移動は表面で行き止まりとなり、そこへ溜まる。電荷の表面への溜まりぐあいと導体内の電場の様子は、やがて一定の状態へ落ち着く。電荷の分布と電場の様子は、つじつまの合った（self-consistent）ものとなる。

こういうと難しい問題のようだが、答えは簡単である。導体内に電場があるかぎり、電荷の移動が起こるのだから、移動が止まった最終状態では、電場が0ということに

なる。

孤立した導体内には、電場はない

電場が0なのだから、導体内に任意の閉曲面を考えると、ガウスの法則〈式 (2.3)〉によりそれが包み込む空間内の電荷は0である。すなわち、

孤立した導体の内部には電荷は存在しない

もちろん、導体を構成する原子核や電子の電荷はあるのだが、それを原子に比べて大きなスケールで平均した正味の電荷は0なのである。

誘導電荷

こうして、孤立した導体に外から電場を作用させると、

電荷は表面にのみ分布する

この電荷を**誘導電荷**という。誘導電荷は、表面に存在すると今述べた。しかし、幾何学的な厚さのない面に電荷が分布しているとは、物理では考えにくい。2.1節のp. 29の発展コラムで、電子は空間に雲のように密度を持って分布していると述べた。幾何学的な表面に近い空間領域にわたって、内部とは異なる密度で分布している電荷を、少し大きなスケールで足し合わせたものが表面誘導電荷なのである。

発展コラム　電荷分布 II ── 金属の電子雲

ジェリウム模型　金属の中の電子雲の様子は、今ではp. 29の発展コラム（電子分布I）で述べたように、量子力学によって詳しく計算されている。

　金属の簡単な模型として、**ジェリウム模型**というものがある。まず、金属イオン〈たとえば、銅（Cu）の原子の価電子が1個離れたプラス1価の正イオン〉を、空間平均して一様な密度の正電荷で置き換える。その中を価電子の集団が動き回っているとする。もちろん、価電子の平均密度は正電荷と同じ大きさで、全体は中性である。

　ジェリウム模型の量子力学的計算は、電子間に働くクーロン力や、電子がスピンを持ちパウリの原理にしたがうことを考慮して、なされるのはもちろんである。特に、パウリの原理のために、ある場所に上向きのスピンの電子がいるとすると、その同じ場所には別の上向きスピンの電子は来ることができない。そのために、その場所の電子密度は、平均値の$\frac{1}{2}$となり、正電荷を半分しか打ち消せないので、正味の電荷は正となる。電子は波なので、その影響はその位置の周辺にも及ぶ。このために、上向きスピンの電子は正味として正の電荷密度の中心近くにいることになる。それが感じるポテンシャルエネルギーは、谷となっている（図3-5）。下向きスピンの電子も同様で、結局、銅の価電子は自分の近くに出来たポテンシャルエネルギーの谷に捕えられ、エネルギーが下がる。これが**金属結合**の原理である。

図 3-5　上向きスピンを持つ電子が感じるポテンシャル

表面域の電荷　表面近くでの様子も、量子力学によって計算されている。その一例を図3-6に示す。電子が波であるために、その密度は一

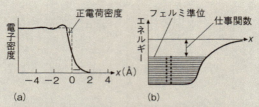

図 3-6 ジェリウムの表面。(a) 金属の表面近くの電子分布、(b) 電子に対するポテンシャルの形

様正電荷の端から外へ少ししみ出している〈図3-6 (a)〉。このために、表面近くには、正味として内側に正、外側に負の電荷層が作られている。このような層を**電気二重層**という。これにより、金属内部の電位は外よりも高くなり、負電荷の電子が感じるポテンシャルエネルギーは低くなる。前に述べたパウリの原理の効果と併せたポテンシャルエネルギーが図3-6 (b) に示してある。

一方、金属内を運動する電子の運動エネルギーについても、パウリの原理が働くので、電子は運動エネルギーの低い状態から高い状態へと順に占めていく。電子が占める一番高い運動エネルギーをフェルミエネルギーという。この状態から電子を外へ取り出すのに必要なエネルギーを、**仕事関数**という。いくつかの金属についてジェリウム模型によって計算した仕事関数の値は、光電効果 (第8章、p. 264) などにより求めた実験値とよく一致する。

実際の原子構造を取り入れた計算もなされている。たとえば、銅の数原子層について、価電子の電子密度の等高線図を、図3-7に示す。表面の原子層の電子が真空側へしみ出し、面に沿っての変化が滑らかになり、ジェリウム模型に近いことが分かる。

誘導電荷 ジェリウム模型に、外から電場が作用した場合の計算もなされている。その一例を、図3-8に示す。これは、金属に正電荷を近

第3章 電流は通すが電場は通さない導体

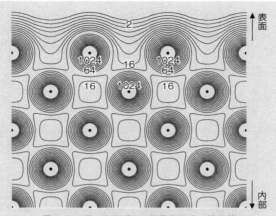

図 3-7 銅の表面近くの価電子密度の等高線

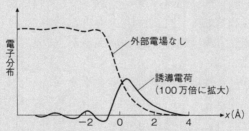

図 3-8 外部電場による金属表面の誘導電荷の分布

づけた場合である。ごらんのように、電子密度が表面からしみ出した裾の領域に、外の正電荷に引き出された余分の電子密度のピークがある。幅が原子スケールよりやや小さい有限の領域に、誘導電荷が分布していることが分かる。これを寄せ集めたものが、やや大きなスケールで見たときの**表面誘導電荷**なのである。なお、これらの図で、電子

密度が波打っているのは、フェルミエネルギーに対応する電子波が表面で反射される効果である。

反電場

導体の中で電場が0になるのは、外からの電場が、誘導電荷による電場によって打ち消されるからである。導体の板に垂直に、外からの電場がかけられた場合を考えよう（図3-9）。

板の表面には、外からの電荷に近い面には負、遠い面には正の電荷が誘導される。この誘導電荷が作る電気力線（図の破線）は、外からの電気力線（図の実線）と逆向きで、密度は等しい。2種類の電気力線は、互いに打ち消しあい、電気力線は消滅する。誘導電荷が作る電場を、**反電場**という。

反電場は、外からの電場が一様でない場合や、導体の形が複雑な場合でも、とにかく外からの電場を打ち消すように作られる。その源となる誘導電荷の面密度は、式

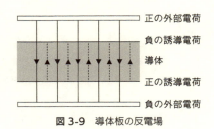

図 3-9 導体板の反電場

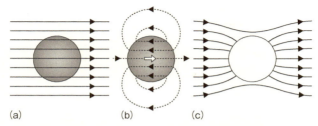

図 3-10 電場中の導体球。(a) 外部電場の電気力線、(b) 誘導電場の電気力線、(c) 両者が合成されたものが実際の電気力線となる

(2.3) でガウスの法則について述べたことから、電気力線の面密度、すなわち反電場の法線成分に比例する。

たとえば、一様な導体球を、$+x$方向を向く電場Eの中に置いたとしよう（図3-10）。反電場は、$-x$方向を向き、大きさはEである。したがって、x軸からの角度θの点での誘導電荷密度は$-E\cos\theta$に比例する。この誘導電荷による電気力線は、導体板の場合とは異なり、球の外側にも広がっている。このことについては、第5章の5.4節で誘電体をあつかうときに詳しく述べる。

⚡ 雷を探る

導体の静電誘導の研究の中で、導体の先端からの放電や、雷雲による誘導電気が多くの人々によって研究された。中でも、B. フランクリンは、雷雲に向かって凧を揚げて、糸に付けた導線の端から放電が起こるのを観察した。日本では、橋本宗吉の弟子が、松の梢から天の火を採

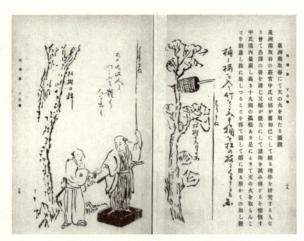

図 3-11 橋本宗吉『エレキテル究理原』に収録されている、松の梢から天の火を採ろうとする橋本宗吉の弟子の図(国立国会図書館デジタルコレクション蔵)。絶縁物の台に乗っている

ろうとしたときの図が残っている(図3-11)。雷の研究で感電死したロシア人の学者もいた。

導体の内部には電場が無いから、導体の電位はすべての点で等しい。半径aの導体球に電荷Qがあるときの電位Vは、2.5節で述べたように、$\dfrac{Q}{a}$に比例する。表面での電場は、$\dfrac{Q}{a^2}$に比例するから、$\dfrac{V}{a}$に比例することになる。したがって、半径の異なる二つの球を導線でつなぐと、電位は等しくVで電場は半径に逆比例し、半径の小さい球面の方が大きくなる。一般の形の導体でも、その一部分を球面で近似できる。すると、先端部ほど球面の半径は小さいこ

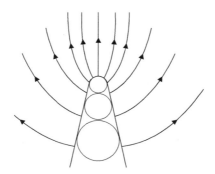

図3-12　先端部と電気力線

とになり、電気力線はそこへ集中する（図3-12）。

　電場が100万 V/mの程度に達すると、先端近くの空気中にわずかにあるイオンを加速する。高速になったイオンは、酸素や窒素分子と衝突してイオンを作る。それらもまた電場で加速される。こうして作られたイオンが、電子を受け取って中性原子に戻るときに、エネルギーが光に転換される。これが、先端から火花が飛ぶ原理である。地上から伸びたイオンの道が雷雲に達すると、雷雲の電荷がそれを伝わって地上へ流れる。これが稲妻である。落雷のおそれがあるときは、地面に伏せるなどして、突出していない姿勢をとると良い。

　また、カメラやスマートフォンを竿の先端に付けて、自分も含めた画面を撮る「自撮り棒」という道具があるが、その先端をたとえば新幹線のプラットフォームで架線に近づけると、2万ボルト以上もの電圧を持つ架線との間に放電が起こり、感電する恐れがある。

3.4 スマートフォンのからくり1 ——電気力線を蓄えるコンデンサー

タッチパネル

スマートフォンの便利な点は、何といっても液晶画面に軽くタッチし、スライドするだけで、いろいろな操作や入力ができることである。これをタッチパネルといい、さまざまな機器に使われている。そのからくりは、どうなっているのだろうか。

ここでは、初期の一部のスマートフォンのタッチパネルに用いられた、"抵抗膜方式"の原理を述べよう(現在のスマートフォンでは別の方式が主流だが、この抵抗膜方式は現在でも一部の銀行ATMやゲーム機で使われている)。

タッチパネルの液晶画面のすぐ下には、2枚の金属薄膜が平行に置かれ、二つの薄膜の間に電圧がかけられている。そうすると、上の薄膜にはプラス、下の薄膜にはマイナスの電荷が向かい合った面に一様に分布する。膜の間には電気力線が上から下へと伸びている。膜の間隔が一定ならば、電場は一様である。電場 (E) の大きさは電圧 (V) を間隔 (d) で割った値になる。この状態では、電流は流れない。

次に下の膜を固定しておいて、液晶画面をタッチしてその力で上の膜をへこませると、その部分だけ下の膜との間隔が狭くなり、電位差が低下する。そこで、膜に沿って電流が流れる。これが、基本動作である。後は、電流の流れ

具合に応じて、さまざまな信号を設定し、操作をさせる。たとえば、横へスライドさせると、電流の流れる向きが決まるから、その方向に画面が変わるように設計しておく。電流が長く流れれば、画面が大きくスクロールするようにしておく。膜を格子構造にすることにより、上下左右への動きをキャッチし、キーボードレスの操作もできる。

このタッチパネルの基本動作は、自分でも確かめることができる。アルミ箔を2枚接近して糸で平行に吊るし、電池をつなぐ。アルミ箔を箸の先でつっついて、ある部分だけへこませる。すると、電流がかすかに流れることが、注意深く観察すれば分かる（ただ、この実験は非常に微妙であり、簡単ではない）。

⚡ 平行平板コンデンサー

上で述べたタッチパネルのように、一般に2枚の広い金属板を、一定の間隔で平行に置いた装置を**平行平板コンデンサー**という。その電気的性質について、調べてみよう。

二つの板を、極板という。一方の極板Aに電池の正極を、他方の極板Bに電池の負極をつなぐ（図3-13）。すると、Aには正、Bには負の電荷が溜まる。これらの電荷の間には引力が働くので、互いに向かい合った面に一様に分布する。電気力線はAの正電荷とBの負電荷の間に張られて、2枚の板の間に閉じ込められる。空間の

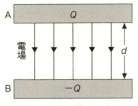

図3-13 平行平板コンデンサー

狭い領域へ電気力線を濃縮する（condense）ことから、**コンデンサー**という名前が付いた。

コンデンサーの二つの極板に溜まる電荷の大きさQは、電池の電圧Vに比例する。

電荷の大きさ $(Q) = C \times$ 電圧 (V) (3.1)

比例係数Cを、コンデンサーの**電気容量**という。極板の面積が広ければ、同じ電荷密度の場合たくさんの電荷が溜められる。一方、極板の間隔が小さいと、同じ電圧に対して電場は強くなり、電荷密度が増加する。これらから、

> 電気容量（C）は、極板の面積（S）に比例し、間隔（d）に逆比例する

電気容量の単位は、ファラッド（F）である。比例定数を入れて計算すれば、

$$C = \frac{\varepsilon_0 S}{d} \qquad (3.2)$$

となる。

現在のスマートフォンのタッチパネルで主流の方式となっている"静電容量方式"では、膜をへこませるのではなく、指を近づけたときに指とタッチパネルとの間で生じる電気容量の変化を検知している。

板に限らず、一般に孤立した二つの導体の間には、片方

に+Q、もう一方に-Qの電荷を蓄えることができる。Qは、二つの導体の電位差Vに比例し、その係数である電気容量Cは、導体の形や配置によって決まる。共通の中心点を持つ二つの球殻、共通の中心軸を持つ二つの円筒などが、用いられている。

水がある地球も大きな導体である。そこで、導体の一つを地球とすれば、地表近くの孤立した導体球は地球との間に電気容量Cを持つ。地表の電位を0とすれば、導体球の電荷Qは電位Vに比例する。

⚡ コンデンサーのエネルギー

コンデンサーでは、+Qと-Qの電荷が電位差Vのところへ引き離されて置かれているので、電気的エネルギーがある。そのエネルギーは、単純に$Q \times V$ではない。最初、極板に電荷がない状態では、電位差はない。したがって、電荷を運ぶのに仕事はいらない。極板に電荷が溜まり始めると、その大きさqに比例して、$\frac{q}{C}=v$の電位差が生じる。そこへさらにΔqの電荷を運ぶには、$\Delta q \times v = \Delta q \times \frac{q}{C}$の仕事が必要である。この仕事を足し上げると、結局

コンデンサーに蓄えられるエネルギー(U)
= 電荷(Q)の2乗/(2×電気容量(C))　　　(3.3)

となる。このエネルギーは、$U=\frac{QV}{2}$、あるいは$U=\frac{CV^2}{2}$と書き換えることができる。

コンデンサーを充電していくと、最初はなかった電気力

線が、だんだんと増えていく。そこで、このエネルギーは、電気力線が担っていると考えることもできる。$V=Ed$である。一方、電気容量Cは、極板の面積Sに比例し、間隔dに逆比例した。そこで、コンデンサーのエネルギーは、電場（E）の2乗×S×dに比例する。極板の面積（S）×間隔（d）は、極板の間の電気力線が存在する空間の体積である。したがって、

> 電気力線は、単位体積当たりに電場（E）の2乗に比例するエネルギーを持つ

と考えることができる。これは、極板の電荷が持つエネルギーを言い換えたものであって、電荷のエネルギーと電気力線のエネルギーが別々にあって足し算するのではない。

比例定数を入れて計算すると、電場のエネルギー密度u_Eは、

$$u_E = \frac{\varepsilon_0 E^2}{2} \tag{3.4}$$

と表わされる。

ICの心臓部―― MOSコンデンサー

スマートフォンに限らず、電子機器には、たくさんのIC（集積回路）が使われている。この回路の重要な部品が、MOSコンデンサーである。これは、金属（M, metal）・酸化物（O, oxide）・半導体（S, semiconductor）

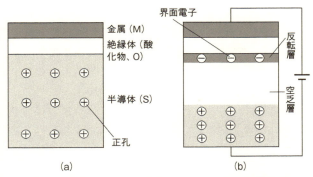

図 3-14 MOSコンデンサーの仕組み。(a) ゲート電圧がゼロのとき、(b) ゲート電圧が高いとき（界面電子の層が極板の役割をする）

を重ねて接合したもので、実は一種の平行平板コンデンサーである。その極板の一つは、金属である。もう一つの極板の役目をするのは、半導体と酸化物との境界面に閉じ込められた電子である（図3-14）。境界面の厚さは数ナノメートル（1 nm＝10億分の1 m）である。

　酸化物は不導体だが、その中の電子やイオンの電荷分布は、半導体の電子の作る電場によって、正電荷が半導体の方に近づくようになる（このことは、第5章で述べる）。その反作用として、半導体の電子は酸化物から引力を受ける。一方、酸化物の中には入れないので、酸化物との境界に垂直な方向の運動は、界面近くに局在した量子状態を作る。境界面に沿っては、自由に動けるので、極板となる。

　金属と半導体との電位差（ゲート電圧という）を変えると、境界層の電子の電荷密度が変わる。それによって、境

界面に沿って流れる電流(ソース-ドレイン電流という)の値を変えるのが、MOSトランジスタの原理である。MOSトランジスタは、電位差信号を電流信号に変換できるので、さまざまな情報の記録・処理、計算などの命令伝達などに使われている。

　このように、スマートフォンをはじめとして、現代の電子機器の便利さを支えてくれているのは、平行平板コンデンサーという簡単な仕掛けなのである。

第4章
電荷の流れ、電流

> 電流の研究の歴史的立て役者は、ファラデー、エールステッド、そしてオームである。電気分解に始まった電流の定量的研究は、エールステッドの磁気作用により大きく発展し、電気抵抗のオームの法則を確立した。歴史の流れを追体験するとともに、手軽な実験も紹介しよう。

4.1 電気が拓く化学

電気分解

　ヴォルタの電池が出来ると、さまざまな人々がそれを使って、大量の電流による現象を調べ始めた。その中で化学物質が電流によって分解されることを発見したのは、W. ニコルソン（化学者）と A. カーライル（外科医）である。彼らは最初、金属と針金との接触を良くしようと、接触部を水で濡らした。すると、そこから気体が発生し、水素の匂いがした。そこで本格的な実験として、試験管の中に水を入れ、白金線を入れて電流を流すと、陰極から水素ガス、陽極からは酸素ガスが発生した。

　すなわち、電流によって化合物である水を、水素と酸素との単体に分解したのである。これを**電気分解**という。

　その後、電流の化学作用について多くの研究がなされ

た。それらを集大成したのは、ロンドンの王立研究所の H. デーヴィーとその弟子 M. ファラデーである。

> ### 歴史メモ　王立研究所
>
> **福祉を目指した王立研究所**　王立研究所（Royal Institution）は、ロンドンのアルベマール通りに本拠地を置く学術機関である（図4-1）。
>
> 　王立といっても英国王が資金を出して主宰する科学研究所ではない。Royalというのは、王室が社会的に意義のある事業と認めて、お墨付きを与えたという意味で、日本の社団法人にあたる。板倉聖宣は、"王認"という訳語がふさわしい、と言った。
>
> 　この研究所設立の音頭を取ったのは、アメリカ生まれ

図 4-1　王立研究所（T. H. シェファードの 1838 年頃の絵画）

で、熱の運動説の提唱者として有名な、ラムフォード伯ことB. トンプソン（図4-2）である。その動機は、当時急増しつつあった都市下層民に正しい科学的知識を与えることにより、フランス革命のような暴発を防ごうというものであった。上流階級から資金

図4-2 B. トンプソン

を集めて、研究を行い、その成果を普及するという趣旨で1799年に設立された。社会福祉の一環として、科学を動員しようという計画であった。

研究テーマも、ストーブの熱効率の向上など、庶民の生活に関連するものが求められた。また、研究成果を寄付者や大衆に解説するなど、科学の普及活動も重要な任務とされた。最初の所員は、光の研究者T. ヤングと化学者H. デーヴィー（図4-3）であった。デーヴィーは、電気を使

図4-3 H. デーヴィー

って化学的物質の分析や創生を行う電気化学という研究分野を創った。彼の一般向けの普及講演は好評であった。

ファラデー M. ファラデー（図4-4）は、ロンドンの下層階級の子供で、学校には行っていない。彼は製本屋の見

図 4-4 M. ファラデー

図 4-5 ファラデーが作ったノート

習い工になった。仕事の性質上、いろいろな本に接して、科学関係の本に興味を持って熱心に勉強した。それを見ていた親方が、デーヴィーの講演の切符をファラデーに与えた。ファラデーは講演を聞きながら熱心にノートを取った。やがて、どうしても研究所で働きたくなり、清書したノートに挿絵を付けて製本してデーヴィーに送り、頼み込んだ（図4-5）。ノートに感心してかデーヴィーは、ファラデーを助手として雇った。1813年のことである。

以後ファラデーは、生涯研究所に住み込み、数々のすぐれた研究を行った（図4-6）。本書でも数ヵ所にわたり、中心的な部分で彼の研究を紹介していく。またクリスマス講演など一般向けの名講義をした（図4-7）。

これまで登場した人物は、最初はギルバートのように本業（たとえば医者）を持っていた。18世紀になって、ガルヴァニなど大学教授が登場するようになり、ヴォルタなど物理学を専門とする教授も現れた。しかし、これらの

図 4-6 ファラデーの実験室（H. J. ムーアの 1850 年頃の絵画）

図 4-7 ファラデーの講演（A. ブレイクリーの 1856 年頃の絵画）

人々は、中流以上の知識階級の出身である。ファラデーは、下層階級から出て成功した最初の学者で、王立研究所の理念を体現した人物といえよう。一方、王立研究所自体は、最初の目的である社会福祉からは離れたが、研究に専念できる機関として、科学の発展に大きく貢献した。

⚡ デーヴィーの電気化学

デーヴィーは、一酸化二窒素が麻酔に使えることの発見や、炭坑の安全灯の発明など、多面的な仕事をした。彼は、ヴォルタの仕事から、化学的作用が電気の生成に関連していることを知り、「逆もまた真ではないか、電気を使って化学薬品を作れるはずだ」と確信した。彼自身の研究やほかの人々の研究をまとめて、1806年に、「電気の化学作用について」という講演を行った。

可燃性物質と酸素、アルカリと酸、酸化しうる金属と貴金属は、いずれも電気について正と負との関係にある。化合と分解は電気の引力と斥力との法則に帰着する。これらは、彼の導いたことである。翌1807年には、そのころ"固定されたアルカリ"（fixed alkalis）と言われていた物質は、酸素と金属との化合物であることを明らかにした。そうして、カリウム、ナトリウム、カルシウム、ホウ素、ストロンチウム、バリウム、マグネシウムなどの単体の遊離に成功した。こうして、化合物と原子との関係が一般的に明らかになった。

⚡ 電気分解の法則

ファラデーは、最初はデーヴィーの補助者として、分析化学やベンゼンなどの有機化合物の発見などを行った。その後、電気、磁気の研究に移り、電磁誘導を発見する。このことについては、第7章で詳しく述べる。

ファラデーは、その後電気分解の研究に戻り（図4-8）、

第 4 章　電荷の流れ、電流

図 4-8　ファラデーが電気分解の実験に用いた装置の一例

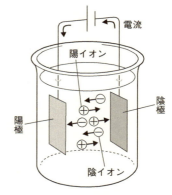

図 4-9　電気分解

まず一連の概念を確立した。図4-9にある電極、陽極（anode）、陰極（cathode）、電気分解（electrolysis）、イオン（ion）、陽イオン（cation）、陰イオン（anion）などの単語は、彼が定めたものである。イオンは、ギリシャ語で"行くもの"という意味で、anaは"上へ"、kataは"下へ"を意味する。学校に行っていなかったファラデーは、ギリシャ語の学者の助けを借りて、これらの術語を作った。

　ファラデーの電気分解の法則は、1833〜1834年に発表された。第1の法則は、

> 電流の分解作用は電気量に比例する

である。

そのころ、電気を発生させる方法が、次々と現れた。ファラデーが"通常電気"と呼んだ摩擦電気をはじめ、それを大量に作る起電機、ヴォルタの電池、ガルヴァニの生物電気、熱電気、そしてファラデー自身が発見した電磁誘導による電気などである。彼はまず、それらが同じ作用を持つことを確かめた。そして電源の強さ、電極の種類や大きさ、電流が通過する導体の性質や状況などは、すべて副次的であり、分解される物質量は通過した電荷の総量で決まることを示した。この法則を逆向きに使えば、電気分解の生成物の量により通過した電気量を測定できる。1クーロンの値も定義できる。

　第2の法則は、さまざまな電気分解をする物質において、

> 同じ電気量によって発生するイオンの量は一定の比をなす

というものである。この比をなす数値を、**電気化学当量**という。たとえば、水素、酸素、塩素、ヨウ素、鉛、錫についての比は、約1、8、35、127、104、59である。これは、通常の化学当量、すなわち原子量を価数で割った値と一致する。1化学当量の物質を析出する電気量は一定で、クーロンで表わせば、9万6485クーロンである。この数を**ファラデー定数**という。

　第3に、原子や電気については、まだ分からないことが多いが、電気分解の実験からは、電気はあちらこちらに移

動しても、

> 電気のどの部分も化学的に一定の作用をもたらす

と考えざるを得ないとした。

今日では、原子の価数は価電子の個数であり、その過不足により陽イオンや陰イオンが生じることが分かっている。そうして、どの電子も同じ大きさの電荷を持つことにより、電気化学当量は説明される。この素電荷の存在を、ファラデーは初めて推論したのである。

電気分解が起こる様子については、ファラデーは、電極およびその近くに限らず、溶液の広い範囲にわたっていることを丹念な実験で示した。

たとえば、ガラス片の上に、リトマス試験紙と姜黄試験紙（turmeric paper）の小さな紙片を4枚ほど並べて置く（図4-10）。それを硫酸ナトリウムの溶液に浸して、電流を流す。すると、リトマス紙の端は酸に反応して発色し、姜黄紙の端はアルカリに反応して発色することが分かった。これらから、"電気分解をする粒子は二つの部分からなり、電気力による分解と隣の粒子との化学親和力による結合とを繰り返している"、というイメージをファラデ

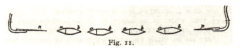

図4-10 ファラデーが電気分解の伝達を観察するのに用いた装置

ーはいだいた。粒子は、電極の間の溶液に、連なりあって分布していると考えられる。

また、水は電気分解するが、両極の間の一部分を凍らせると氷は絶縁体となり、電流は流れず電気分解も起こらなくなる。

これらの研究は、第5章で述べるように、誘電体や電気力線の理解へとつながっていく。

4.2 電流を数量的に調べる

電池の登場により、たとえば銅線に長時間にわたって一定の電流を流すことができるようになった。次の課題は、電流の値を知り、それが電池の起電力や導体の大きさや種類にどのように関係しているかを調べることである。

それにはまず、電流の値を測定することである。キャベンディッシュは、飽和食塩水の電流は鉄の数十万分の1であると、未公開のノートに記していた。彼は、自分の舌の感覚に頼っていたという。しかし、舌の感覚には個人差がある。LEDや豆電球の明るさは、電流が大きくなると増すだろう。しかし、明るさの定量的測定は容易ではない。電気分解で電荷の総量を知るには、時間がかかる。

電流が磁針を回転させる

デンマークのコペンハーゲン大学の教授H. C. エールステッド（図4-11）は、講義中にたまたま電流を流している銅線の近くに置いた磁針が振れることに気づいた。彼は、

もともとすべての力の間には相互作用があると考え、電流によって磁針が引き寄せられるか反発するのではないかと予想して、それまで実験をしていた。しかし、実は磁針には回転力が働くのである。その様子を調べて、"磁針に対する〈電気の争い〉の効果について"という論文を発表した。1820年のことである。

図4-11　H. C. エールステッド

これは、それまで似たところはあるが独立の現象と考えられていた電気と磁気との間に、実は関係があることを示す最初の研究である。電流の磁気作用については、第6章で詳しく述べる。

オームの法則

G. S. オーム（図4-12）は、エールステッドの実験を知って、これを電流の測定に応用しようとした。しかし、当時のヴォルタの電池は、液体の中の金属プレートが揺れたりするので、起電力が変動し不安定であった。1821年に、エストニアのT. ゼーベックが、**熱起電力**を発見した。ビスマスと

図4-12　G. S. オーム

銅というように、異種の金属を2ヵ所でつなぎ合わせ、二

つの接点の温度が異なるようにすると、その間に起電力が生じる。これを熱電対といい、その起電力は安定である。

図4-13がオームの実験装置である。左下に熱電対（ねつでんつい）が組み込まれていて、一方の接点は炎で加熱した沸騰水に入れ、もう一方は雪や砕いた氷で冷却する。同じ銅の板から切り出した厚さや長さがさまざまな8個の銅片に電流を流した。吊り下げた磁針が回転しようとするのを、糸のねじれが戻ろうとする力で止める。そのねじれ角が電流の値に比例する。

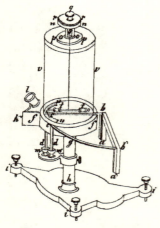

図4-13 オームの実験装置

オームは、水を沸騰させて一度測定し、また時間をおいて沸騰させて測定するなど、注意深く3日間にわたって実験した。また、熱起電力も、高温接点を室温中に置いて小さくした場合も調べた。その結果は、次の簡単な式でよく表わされることを発見した。

オームの法則：

$$電流の値\ (I) = \frac{起電力\ (V)}{電気抵抗\ (R)} \quad (4.1)$$

そのころ電気は流体のようなもので、電流はその流れと考えられていた。水などの流体の流れは、高さの差や圧力の差に比例し、粘性による抵抗に逆比例することが知られていた。オームの法則は、その電気版である。今日では、電流は電子やイオンなど電荷を持つ粒子で、電位の下り勾配に沿って流れ、電気抵抗は粒子が受ける衝突力によることが分かっている。

　電流Iの単位は、**アンペア**（A）で、1秒間に1クーロンの電荷が流れるときの電流を1アンペアと定義する。起電力Vの単位はボルト（V）、電気抵抗Rの単位はオーム（Ωと書くこともある）である。1ボルトの起電力の電池につないで1アンペアの電流が流れるときの電気抵抗が、1オームと定義されている。

　オームは、長さが異なる銅線を用いて実験した。その結果、電気抵抗は試料によらない一定項と試料銅線の長さに比例した項との和であるとまとめられた。一定項は、熱電対を含む試料以外の電流が流れる部分の電気抵抗である。

　オームの実験式（4.1）は、電池の起電力と全体を流れる電流の関係を表わしたものである。導体の一部分ABについては、そこを流れる電流と両端の電位差$\phi_A - \phi_B = V$（これを、流体の圧力との類推で**電圧**という）との間に、

$$電圧（V）= 電気抵抗（R）\times 電流（I） \tag{4.2}$$

という関係が成り立つ。これも、オームの法則という。各部分の電圧を足し合わせると、電池の両極の間の電位差と

なり、それが電池の起電力に等しくなる。電圧Vのところを、電荷Qが移動すると、エネルギーが$Q \times V$増加する。このエネルギーは、衝突によって熱のエネルギーとなる。1アンペアの電流では、1秒間に1クーロンの電荷が移動するから、発熱率は次のようになる。

> **ジュール熱：**
> 電流発熱率（W）＝電圧（V）×電流（I）　　（4.3）

発熱率の単位はワット（W）で、エネルギーの単位ジュール（J）を時間の単位秒で割った値が、1ワットである。このように、導体を電流が流れると、エネルギーが熱となって逃げる。これを消費電力という。そのエネルギーを供給する源は、電池の場合は化学エネルギー、太陽電池では太陽光のエネルギーである。発電機を使う場合には、発電機を動かす蒸気やガスのエネルギーで、その源は火力や原子力である。

さまざまな物質の電気抵抗

オームは、真鍮の板についても実験を行い、電気抵抗は同じ形の銅の数倍になることが分かった。その後の多くの学者の研究により、電気抵抗は、導体の長さに比例し、断面積に逆比例することが分かっている。比例係数は、抵抗率と呼ばれ、導体の材料物質の性質を表わす物質定数の一つである。金属の中では、銀、銅、金、アルミニウムの抵抗率が小さい。鉄、真鍮などはやや大きい。金属の抵抗

率は、温度が高くなると大きくなり、**絶対温度**〈値はほぼ、摂氏の温度℃ +273で、単位はK（ケルビン）〉に比例する。温度が低くなると、ある温度以下では抵抗率が0になる一連の物質がある。この現象を**超伝導**といい、第6章と第7章で詳しく述べる。

一方、絶縁体でも、抵抗率は金属よりも十数桁大きいが、無限大ではない。すなわち、絶縁体でも、電流がまったく流れないわけではない。人体の抵抗率はかなり小さいので、家庭に配線されている電源の100 Vの電位差でも、感電することがあるから、注意が必要である。

半導体の抵抗率は、金属に比べると数桁大きい。したがって、半導体を流れる電流は金属に比べると小さい。しかし、半導体の抵抗率は、温度が上がると急激に小さくなる。ファラデーは、電気分解の研究の中で、硫化銀、酸化銅などの一連の物質が、この性質を持つことを発見した。

半導体を流れる電流の値は、電流に垂直方向に外から加えた電場や、半導体に照射した光などに敏感である。

4.3 電流を流す実験をしてみよう

電流を流す手軽な実験法

電池の起電力、オームの法則、エールステッドの電流の磁気作用などを、手軽に試してみよう。

まず、電源としては、レモン電池などもあるが、簡単に手に入る乾電池を使う。問題は、電極にリード線をつなぐ

ことである。昔は、ハンダ付けが必要だった。しかし今は、「電池ボックス」「電池ケース」など、外へリード線を出したものがある。これに電池を挿入すればよい。これらは、組み立て玩具やDIYの店にある。通販でも取り寄せることができる。ついでに、導線にワニ口クリップを付けたものも安く手に入る。

電流が流れているかどうかを調べるには、縫い針を磁石にくっつけて小磁石として、糸で吊るせばよい。しかし、もっと便利なのは、LED（発光ダイオード）を使うことである。これも、リード線付きのものが売られている。色も、赤、黄、緑などがある。電池ケースのリード線と、LEDのリード線とをワニ口クリップでつなぎ、電池ケースのスイッチを入れると発光する。この回路の途中に、金属や紙などいろいろな物質をワニ口クリップで挟んで挿入すると、LEDが光る物質（導体）と、光らない物質（不導体）とを見分けることができる。金属導線の長さを変えると、長くなるにつれて発光が弱くなる。これ以上定量的に調べるには、電流計や電圧計を用いるのだが、それは本書の範囲外である。

⚡ LEDが光らない！

普通は、電池のリード線の赤と、LEDのリード線の赤、黒と黒とをつなぐとLEDが発光する。ところが、電池のリード線の赤とLEDのリード線の黒、また黒と赤をつなぐと、一見閉じた回路が出来るが、電池ケースのスイッチを入れてもLEDは光らない。LEDは、一方向の電流

しか通さず、発光しない。

> ### 発展コラム　電荷分布III——半導体とLED
>
> **半導体の電子雲**　LEDは、2種類の半導体を接合したものである。半導体の母体結晶は、たとえばケイ素（Si）のように、4個の価電子を持つ原子で出来ている。1個のケイ素原子は、隣のケイ素原子と1個ずつ価電子を出しあって結合を作る。このような結合の仕方を**共有結合**という。1個のケイ素原子は正四面体の中心にあり、四隅にある4個のケイ素原子と共有結合
>
>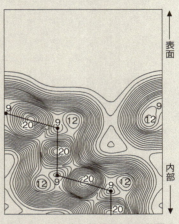
>
> **図4-14**　ケイ素の結晶における価電子の電子雲の理論計算の一例
>
> して、硬い結晶となる。価電子の電子雲を図4-14に示す。周期表で同じ第14族の炭素の結晶がダイアモンドである。
>
> 　ケイ素の結晶中に第15族（5価）のリン（P）の原子を不純物として入れると、共有結合には価電子が一つ余る。この余分の電子が半導体の中を自由に動き回る（これを**N形半導体**という）。一方、第13族（3価）のアルミニウム（Al）の原子を不純物として入れると、共有結合には電子が不足した所ができる。この結合の孔（正の電荷粒子のようにふるまうので**正孔**という）が、別の結合位置へと動き回る

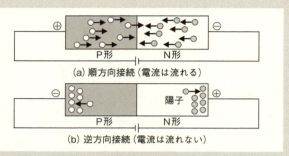

図 4-15 ダイオードの整流作用。(a) 順方向に電圧をかけると電流が流れ、(b) 逆方向にかけると流れない

(P形半導体)。

LED LEDは、P形半導体とN形半導体とを接合したダイオードである。これに、P形に正、N形に負の電極をつなぐと、N形の電子とP形の正孔が接合域へ流れ込み、電子が正孔と結合して(共有結合の孔を埋めて)、そのときに解放されるエネルギーにより発光する〈図4-15 (a)〉。電池とのつなぎ方を逆にすると、電子と正孔とは遠ざけられ、電流は流れず、発光も起こらない〈図4-15 (b)〉。このように、一方向にしか電流を流さないことを**整流作用**という。

　普通は、LEDを家庭に来ている交流電源につなぐので、つなぐ向きによらずに発光する。しかし、これは電位差が正の時間帯に限られているのである。LEDを通過した電流も、正のときしか流れないから、直流に近いものになっている。

　LEDのこの特性を使うと、ヴォルタの電池でどちらの

金属が正極になるかを、確かめることができる。

ここで述べたやり方で、他にも電流が関係したさまざまな現象を、自分で調べることができる。

4.4 電気や電流の伝わり方

本書のここまでの話で、電気が発生した場所から離れた場所へ伝わり、さまざまな作用をすること、また電流が電池から導体を伝わって流れることが分かった。しかし、その伝わり方については、いろいろな疑問が生じただろう。電気力は瞬間に働くのか？　電流は電池を出発して伝わるのか？　正極から出るのか？　電子の電荷は負だから、負極から出るのか？　などなどである。電池の両極から出発した電流が、LEDや電球の所で会合して点灯すると考える人もいるようだ。

これらの疑問にきちんと答えるには、磁気を含めた電磁気全体を知らなければならない。しかし本書では、それまで待たずに、ここで一応の答えを述べ、ある程度納得した上で次に進むことにする。

電気の伝達には時間がかかる

第1章で述べた空間を飛び越えて働く逆二乗則の力は、まず万有引力として確立された。はっきりとは書かなかったが、ニュートンが惑星の軌道を計算した時には、太陽からの万有引力は瞬間的に惑星に働き、その運動方向を変えると考えた。今日では、相対性理論により、あらゆる物体

の運動や作用伝達の速度は、光速度（c）を超えないことが分かっている。最近発見された、重力の変動が空間を伝わる"重力波"の速さも、光速度に等しい。太陽から地球まで、光の伝達には約8分かかる。したがって、今仮に太陽が消滅したとしても、その影響は約8分後以降に現れる。

電気（あるいは磁気）のクーロンの法則についても同様である。太陽面で爆発が起こっても、それによって地球で磁気嵐が発生して電波が乱れるのは約8分後である。

第2章で電気力をもたらすメカニズムとして導入した電気力線・電場もまた光速度で伝わる。電波は、光と同じく、電磁波の一種である。電磁波については、第8章で詳しく述べる。

電波が伝わるのに有限の時間がかかることは、今ではいろいろと経験できる。たとえば、衛星放送と地デジとで同じ野球の試合が放送されるのを比べてみると、時間のずれに気付く。地デジではホームランを打っているのに、衛星放送ではまだバットスイングの途中である。地デジでは、デジタル信号への変換のために時間がかかる。その手間のない地上波ラジオ放送では、「打ちました！」と一番早くアナウンサーが叫んでいる。

第3章でグレイが行った実験では、電気の作用が伝わるのを調べているのだから、その伝達は光速度で行われる。静電誘導、本章で述べた電気分解、電池につないだ導線やLEDでも、電荷の接近や電池の接続による電気力線の変化が、光速度で伝わって導体の中の電荷に力をおよぼす。

家庭のコンセントにプラグを差し込んだ瞬間には火花が見えるが、この電気的変化が伝わっていくのである。電荷は各点で動き始める。回路の場合、厳密に言えばスイッチに近い場所から動き始めることになる。もちろん、光速度は1秒間に30万kmという速さだから、小さな実験装置では伝達の時間差は無視できるほど小さい。

⚡ 電流の伝わり方

電気自体が流動性のある液体のようなものだ、という考え方は、第1章のギルバート以来、多くの人々によって取られてきた。電流が電荷の流れであるらしいことも分かってきた。

それを実験的に示したのが、4.1節で紹介した電気分解についてのファラデーの研究である。電気分解そのものが、イオンの電極への移動によるのであるが、図4-10に示した実験は、その途中でも溶液の中をイオンや化合物が移動し、電流となっていることを示している。金属や半導体の中を電子が移動していることは、19世紀末の電子の発見以前には分からなかった。しかし、負の電荷が流れているらしいと、多くの人たちが気づいていた。

電流を水流にたとえると、水が次々に通過していくように、電荷も電池から出発して導線の中を移動するように思われる。しかし、傾いた水道管に水を詰めて、ふさいでおいた下端を開くと、重力は各部分に働くから、水は一斉に流れ出す。同様に、電池をつないでスイッチを入れると、電場は導線全体にかかり、電流は一斉に流れ出す。隣の水

や電子を押しのけることができるか、気になるかもしれない。しかし、水の疎密波（音波）や電子の密度波が伝わることにより、流れは少し時間差はあるが、各点で起こることができる。

コンデンサーの充電、放電

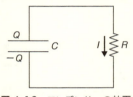

図4-16 コンデンサーの放電

電流や電圧の変化には、電磁波の伝達以外にも時間がかかる例として、コンデンサーに電池をつないだ後の極板の充電や、電荷を蓄えたコンデンサーから電池を外した後の電荷の放電の様子を調べてみよう（図4-16）。両者は、同じメカニズムで時間がかかる。ここでは、分かりやすい放電を考えることにする。

コンデンサーの極板Aに正、極板Bに負の電荷を蓄えた後、電池を取り外してAとBとを導線でつなぐと、AからBへ電流が流れ、やがて電荷は消滅する。

これらの様子は、2枚のアルミ箔を平行に吊して、電池をつなぎ、その後電池を外してLEDをつなぐことによって容易に確かめられる。

コンデンサーの極板の間に流れる電流は、オームの法則（4.2）により、$I=\dfrac{V}{R}$である。電流が流れると、極板の電荷の大きさQは減少する。すなわち、$\varDelta Q = -I\varDelta t$である。一方、$Q=CV$である。これらの式から、

電荷の変化率 $\left(\dfrac{\Delta Q}{\Delta t}\right) = -\dfrac{Q}{RC}$ (4.4)

という関係が成り立つ。このように、変化率が自分自身に比例するような関数は、指数関数 $\exp(at)$ であることが数学で分かっている（念のため、指数関数 $\exp(x)$ とは e の x 乗のことである。ここで、e はネイピア数 2.71828… である）。すなわち、$\Delta[\exp(at)] = a[\exp(at)]$ である。そこで、コンデンサーの極板の電荷は、

電荷 $(Q) = Q_0 \exp\left(-\dfrac{t}{RC}\right)$ (4.5)

という式にしたがって、減少していく。Q_0 は、最初極板に溜まっていた電荷の大きさである。その様子を、図4-17に示した。

このカーブの特徴は、一定の時間間隔ごとに同じ割合で値が減少することである。このような現象は、自然界で多

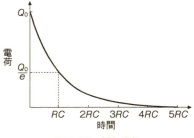

図4-17 緩和現象

く見られ、**緩和現象**と呼ばれている。今の例では、時間RCが経過すると、電荷は$\frac{1}{e}$倍となる。この時間を**緩和時間**という。時間が$T=0.693\cdots\times RC$経つと電荷の値はちょうど半分になる。そこで、Tを**半減期**という。コンデンサーに電池をつないで充電していく場合には、最終的に充電される電荷Q_0と、途中でたまっているQとの差の時間変化が、同様な緩和現象である。

スマートフォンでは、コンデンサーが小さいので、RもCも小さく、緩和時間が短いからほとんど瞬間的に変化する。

一方、絶縁体では、電気抵抗が桁違いに大きいので、緩和時間も数日というように長い。したがって、コンデンサーの極板を絶縁体でつないでも、実際上電荷は移動しない。

第5章
電流は通さないが電場は通す誘電体

> コンデンサーに誘電体を挿入すると、溜まる電荷が増える。この現象はどんな仕組みで起きるのか？ ファラデーの考察から出発して、"分極電荷による電場が付け加わる"というメカニズムを納得しよう。そこでは、ミクロの電気双極子モーメントが重要な役割を担っている。

5.1 ファラデーの誘導力線

静電誘導のメカニズムの案

クーロンの法則では、二つの電荷、磁荷の間には、空間を飛び越えて電気力、磁気力が瞬間的に働くとされている。しかし、ファラデーにはその考え方はしっくりしなかった。電磁誘導の法則を力線の運動で表現することに成功した彼は、次に電気分解に取り組んだ。これもまた、電解質の流れである流線によって説明された。

ところで、水は導体であり、電気分解するが、固体の氷は絶縁体で電気分解しない。しかし、氷を通しての静電誘導は起こる。粒子（まだ分子という概念は定着していない）としては、水も氷も同じはずで、外からの電気の作用を受ける。ではどこが違うのか？

電気分解では、水の粒子は電場によってH^+イオンと

OH⁻イオンが逆向きに移動して分解し、その作用が隣接する粒子に次々に伝わる。また粒子全体やイオンも移動し、最後に陰極や陽極で気体となる。

これに対して氷では、正負の電荷の粒子内での移動は起こる。しかし、その作用は隣接する粒子に伝わるが、分解や粒子全体の移動は何かに妨げられて起こらない。

すなわち、つながりあった粒子に沿った変化は、第1段階（電荷の内部変位）までは起こるが、粒子の分解や伝導という次の段階には進めないで終わる。しかし、粒子列の曲線は、元の電荷から出発して、遠くにある導体の表面まで達し、そこで導体に電荷を静電誘導する。

この曲線を、彼は誘導力線（line of inductive force）と呼んだ。そういう性質を持つことから、彼は絶縁体を**誘電体**（dielectrics；di-は"通す"という意味）と呼んだ（"電媒体"と訳した人もいる）。

⚡ 誘電体を通しての静電誘導

そこでファラデーは、誘電体を通しての静電誘導と、空気を通しての静電誘導とを比較する実験を行った。二つの同心球殻を極板とするコンデンサーを用意する（図5-1）。二つの球殻の間に電圧をかけると、電荷は内側の球殻の外側面に正、外側の球殻の内側面に負というように分布する。電荷の大きさQは、電圧に比例し、その比例係数Cが電気容量であった。

ファラデーは、全く同じ二つの同心球殻コンデンサーを用意し、内側の球殻同士を接続した。そうして大きさQ

の正電荷を内側球殻に与えて、外側球殻の電荷を導線でつないだ小球(図の上端の白い丸)へ導き、ねじれ秤を用いて精密に測定した。

二つのコンデンサーの球殻の間が両方とも空気で満たされている場合には、電荷は半分ずつ分配される。次に、片方のコンデンサーの球殻の間をシェラック(shellac:樹脂の一種)という絶縁体で半球分だけ満たして、電荷の分配を調べた。その結果、電荷はシェラックで満たしたコンデンサーの方に、より多く分配された。

図 5-1 ファラデーの実験装置

ガラス、硫黄、鯨脳油、テレビン油などを満たした場合も同様で、誘電体を満たしたコンデンサーの方へより多くの電荷が分配される。これは電気容量の値が、誘電体を満たしたコンデンサーの方が空気を満たしたコンデンサーよりも大きいことを示している。

そこでファラデーは、誘電体を満たしたコンデンサーの電気容量を空気で満たした場合の電気容量で割った比を、**比誘導容量**(specific inductive capacity)kと名づけた。その値は、誘電体の物質により、約2〜3である。

なぜ誘電体を通すと誘導電荷は増えるのだろうか? ファラデーの考えは次のようである。粒子の中では、正電荷と負電荷が逆向きに移動する。今日の言葉では、電気的な分極が起こる。この移動は粒子内に限られ、伝導や電気分

解は起こらない。

しかし、隣接する粒子でも移動が引き起こされる。これが誘導力線に沿って誘電体の端にまで続く。この段階では、誘導力線は今日、電気分極線といわれているものである。誘導力線が終わる誘電体の表面には、電荷が溜まる。今日、分極電荷といわれているものである。この分極電荷がコンデンサーの極板に電荷を静電誘導する。

この考え方で良いのか？　ファラデーが行った別の実験も含めて、今の電磁気学に照らして検討してみよう。

5.2 電気分極、電束密度

ファラデーの板状コンデンサーの実験

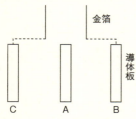

図 5-2 ファラデーの実験装置の概念図

3枚の広い導体板を等間隔で吊り下げる（図5-2）。中央をA、右をB、左をCとする。BとCの端を、それぞれ平行に吊り下げた別々の金箔につなぐ。

最初、AとB、AとCの間は空気である。この状態でAに電荷Qを与える。B、CのAと向き合った面には逆符号の電荷が静電誘導される。さらにそれと逆符号の電荷が金箔に誘導されるが、二つの金箔を同時にアースするとこの電荷は逃げて、金箔は開かない。その後は、金箔はアースか

ら外して、絶縁しておく。

次にAとBとの間にシェラックの板を挿入する。すると、金箔は引き合う。これは、Bの方にCよりも大きな電荷が誘導されたことによる。ここで、BとCとをアースし、その後絶縁すると、二つの金箔は平行に戻る。さらに、シェラック板を引き抜くと、二つの金箔は引き合う。

硫黄などの別の誘電体を用いても、同様な結果が得られる。AとBとの間隔を狭めると感度が上がる。水晶では結晶面の方位によって、比誘導容量の値は異なることも分かった。

今の電磁気学による解釈

ファラデーのこの実験は、今の電磁気学から見ても要点をついている。以下、ファラデーの実験を説明しながら、今の誘電体の静電気学の諸概念を紹介しよう。いくつか計算をするが、いずれも簡単なものである。面倒な人は、結果だけを見ていただきたい。

まず、AとB、AとCの間がともに空気で満たされている場合には、Aに与えた電荷Qは、Bに向き合う面とCに向き合う面とに、半分ずつ分けられる（$\frac{Q}{2}$）。B、Cに誘導される電荷は$-\frac{Q}{2}$である。B、Cはアースされているから電位は0である。Aの電位をVとすると、

$$\frac{Q}{2} = C_0 V \tag{5.1}$$

である。C_0は、空気が挟まれているときのAとB、AとC

との電気容量である。

誘電体を挿入すると、AとBとの電気容量は $C_{AB} = kC_0$ となる。Aの表面のB、C側の電荷を Q_B、Q_C とすると、

$$Q_B = kQ_C,\quad Q_B + Q_C = Q$$

である。これから、

$$Q_B = \frac{k}{k+1}Q,\quad Q_C = \frac{1}{k+1}Q$$

となる。Aの電位は $V' = \dfrac{Q_C}{C_0} = \dfrac{2V}{k+1}$ となり、$k>1$ だから、最初の場合から確かに下がる。

B+金箔、C+金箔はそれぞれ孤立しているので、Bに接続した金箔には

$$\left(-\frac{Q}{2}\right) - (-Q_B) = \frac{k-1}{2(k+1)}Q > 0$$

の正電荷、Cに接続した金箔には同じ大きさの負電荷が誘導され、二つの金箔の間には引力が働く。

Q_B が Q_C よりも大きいのに、AB間の電圧がAC間の電圧と同じ値なのは、誘電体の端の分極電荷 Q_P による反電場があるからである。分極電荷の大きさは、

$$Q_P = Q_B - Q_C = \frac{k-1}{k+1}Q$$

である。この値に対応した誘電体の電気的分極が生じてい

る。そのミクロなメカニズムについては、5.4節で詳しく検討する。この電気的分極線は、ファラデーの考えた誘導力線の候補と見ることができる。

導体の場合は、反電場は極板の電荷による電場を完全に打ち消すのであった。表面を絶縁体の膜で覆った導体板をAとBとの間に挿入すると、反電場により電場は0となる。これは誘電体の場合の計算結果でkが無限大とした場合に相当する。Aの電位は0となる。Aの電荷は、Bと向き合った面にすべて集まり、Cと向き合った面には電荷は存在しない。

このように、導体の中には外からの電場は入れないが、誘電体では一部は通る。だからファラデーは、dielectricsと名づけたのである。

ファラデーは、AとCとの間には空気があるとしている。しかし、空気の圧力や温度を変化させてみたり、また別の種類の気体を入れてみたりしてもkの値はほとんど1である。したがって、静電誘導は真空を通しても起こると考えざるを得ない。それは粒子の分極というようなメカニズムとは独立なもので、電気力線を通してなされる。

このように、静電誘導は、真空中と電気的分極との並列した二つのチャンネルを通して行われる。今の物理学では、誘電体を真空中に置いたときに、真空を排除していると考えているのではない。ミクロには、原子核や電子は真空の中にある。二つのチャンネルによる静電誘導を統合して表わす量として、**電束密度D**を導入する。ファラデーの誘導力線は、実は電束密度線なのである。

> 電束密度を定義する式は、
>   電束密度(D)
>   =ε_0×電場（E）+電気分極（P）　　　(5.2)
> である

　ε_0は、**真空の誘電率**と呼ばれる定数である。電気分極Pは、次節で述べるようにミクロな電気的分極の体積平均である。電気分極が電場に比例する場合には、$P=\varepsilon_0 \chi E$と表わす。χ（カイ）を**電気感受率**という。その場合の電束密度は、

$$\text{電束密度}\ (D) = \varepsilon_0(1+\chi)E = \varepsilon E \tag{5.3}$$

と表わされる。ファラデーの比誘導容量kは、$1+\chi$のことである。

　εを**誘電率**といい、誘電体の性質を表わす物質定数である。先に述べた真空の誘電率ε_0は、誘電体中の場合と真空中の場合とを同じような式で表わすために導入されたものである。$\varepsilon = k\varepsilon_0$であるから、$k$は**比誘電率**と今では呼ばれている。

5.3 誘電体のマクロな場と法則

電気分極

　ファラデーが述べた誘電体を構成する"粒子"、今日で

は原子や分子の中では、正負の電荷が互いに逆向きに変位する。これをミクロな**電気的分極**と呼ぼう。原子・分子を多数含むマクロな領域について、その中のミクロな電気的分極の総和を取り、体積で割った量

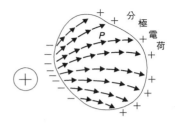

図 5-3 電気分極と電気分極線

を、**電気分極** P という。電気的分極と使い分けるので、注意されたい。変位はベクトルであるから、電気分極もまたベクトルである。平均を取る各領域の中心点に電気分極ベクトルを置き、それらを連ねた曲線を、電気分極線という（図5-3）。

ミクロな正負の電荷分布を平均化すると、一様な正電荷と負電荷とになる。重なっていた正負電荷が電気分極線に沿って変位したものが、電気分極である。電気分極線を束ねたものを、線に沿って短い長さ d で切り取った立体を考えると、前後の断面には正負の電荷が顔を出す（図5-4）。この電荷を**分極電荷**という。その面密度 σ_P は、ちょうど電気分極の大きさ P となる。断面積 S ×面密度 σ_P の電荷が d だけ変位しているから、両者の積を体積 Sd で割れば P となるからである。これが、5.2節でファラデーの誘導力線の端に現れた電荷である。

このように、分極電荷は電気的分極をマクロなスケールで考えるにあたって導入された仮想的なものである。しかし、導体の静電誘導における誘導面電荷と同様に、ミクロ

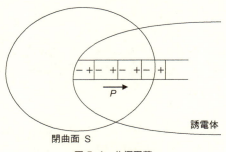

図 5-4 分極電荷

に実体があり、また幾何学的な面上に分布しているわけではない。

誘電体の中に閉曲面を考えると、その面上には分極電荷がある。図5-5に示すように、電気分極線が一般に斜めに面を貫いているとすると、

$$\text{分極電荷の面密度}\ (\sigma_\text{P}) = -P_\text{n} \tag{5.4}$$

となる。P_nは、面の外向き法線方向の成分である。した

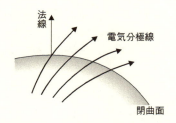

図 5-5 斜めに閉曲面を貫く電気分極線

がって、

> 誘電体中の閉曲面の中の分極電荷 Q_P は、(5.4) を面上で積分した値、すなわち $Q_P = -\int dS P_n$ となる

誘電体の反電場

　導体の静電誘導の場合と同様に、誘電体の中には分極電荷による反電場がある。電気分極 P が一様な場合には、分極電荷は誘電体の表面にのみ現れる。反電場 E' は電気分極 P に比例する。$E' = -N\dfrac{P}{\varepsilon_0}$ で反電場係数 N を定義する。N の値は、誘電体の形状と電気分極の方向による。いくつかの例を挙げよう。

$$\begin{aligned}
&\text{誘電体板に垂直な電気分極:} & N &= 1, & E' &= -\frac{P}{\varepsilon_0} \\
&\text{誘電体板に平行な電気分極:} & N &= 0, & E' &= 0 \\
&\text{誘電体球:} & N &= \frac{1}{3}, & E' &= -\frac{P}{3\varepsilon_0} \\
&\text{誘電体針に平行な電気分極:} & N &= 0, & E' &= 0 \\
&\text{誘電体針に垂直な電気分極:} & N &= \frac{1}{2}, & E' &= -\frac{P}{2\varepsilon_0}
\end{aligned}$$
(5.5)

　針に平行な電気分極の場合には、分極電荷は先端と末尾のみにあり、それが作る電気力線は誘電体針の中を通らない。この場合、外からの電場はそのまま誘電体に作用する。そうして分極電荷に働く電気力により、誘電体針は外からの電気力線の方向を向く。これが、2.3節で、種子な

どの細長いものを使って電気力線を観察した原理である。

導体球の静電誘導のところで誘導電荷が作る電場について述べたように、分極電荷もまた誘電体の外に電場を作る。外の電荷が作る電場によって誘導された誘電体の分極電荷は、外の電荷に近い面では外の電荷と異符号である。したがって、外の電荷は誘電体を引きつける。これが、ギルバートの回転子の実験で、いつも引力が観測された理由である。この力の反作用として、外の電荷には誘電体から引力が働く。これが、3.4節のMOSコンデンサーで、半導体中の電子に酸化物から引力が働いたメカニズムである。

誘電体中のガウスの法則

分極電荷は、誘電体の内外に電場を作る。その電気力線は、正の分極電荷から出発して、負の分極電荷に終わる。これまで考えてきた普通の電荷 Q による電場と併せて、誘電体中のガウスの法則は、次の式で与えられる。

$$\varepsilon_0 \int dS\, E_n = Q + Q_P = Q - \int dS\, P_n \tag{5.6}$$

式（5.6）の電場に関するガウスの法則で、右辺の分極電荷を表わす項を左辺に移すと、式（5.2）で定義した電束密度 D の法線成分の積分となる。

電束密度のガウスの法則
$$\int dS\, D_n = Q \tag{5.7}$$

電束密度線は、普通の正電荷から出て、負電荷で終わる。Qのことを、真電荷ということがある。

では、分極電荷は見せかけだけの偽の電荷なのだろうか。導体の誘導電荷は、ミクロに見れば電子の電荷密度の変化分による。次節で述べるように、誘電体の分極電荷もまた、ミクロには電子やイオンの電荷分布の変化分である。分極電荷は、しかし正負の電荷が常に対となって現れ、正と負の電荷を分離して、片方だけをどこかに持って行くことはできない。

これに対して、導体の静電誘導電荷は、正と負を分離して、片方だけを取り去ることができる。これは、普通の電荷Qと同じである。このことから、"普通の電荷"Qは、**可動電荷**と呼ぶのが適切だろう。

一様な誘電体の中に球状の可動電荷Qがあったとすると、電束密度線は四方八方に放射する直線群となる。Qを包む半径rの球面を閉曲面とすれば、

$$D = \frac{Q}{4\pi r^2} \tag{5.8}$$

となる。$D = \varepsilon E$が成り立つ場合には、

$$E = \frac{Q}{4\pi \varepsilon r^2} \tag{5.9}$$

となる。真空中では、εをε_0で置き換えた式で表わされる。$\varepsilon = k\varepsilon_0$で、$k$は1よりも大きいので、誘電体中の電場は真空中よりも弱められている。これはもちろん、誘電体

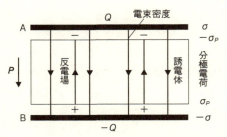

図 5-6 誘電体中の電場と電束密度

の電気分極に伴う反電場の効果である。たとえば、水の比誘電率の値は約80と大きい。このために、水中の電荷間の力は真空中に比べて大幅に弱められている。このことは、たとえばタンパク質の構造を計算から求めるときに、重要である。

これに対して、電束密度は、真空中でも誘電体中でも同じ値である。誘電体の板に垂直に電場Eをかけたとき、板の外では$D=\varepsilon_0 E$である。この値は誘電体の中でも変わらない。これに対して、誘電体の中の電場は$\frac{D}{\varepsilon}=\frac{\varepsilon_0}{\varepsilon}E$となる（図5-6）。

5.4 誘電体のミクロな電気的分極

ミクロな電気的分極の電荷球モデル

ミクロな電気的分極のモデルとして、同じ大きさの電荷密度ρの一様な正電荷と負電荷を持つ半径aの二つの球

が、重なり合っているとする。球の全電荷の大きさは、

$$\text{全電荷}(Q) = \text{電荷密度}(\rho) \times \text{球の体積}\left(\frac{4\pi a^3}{3}\right) \quad (5.10)$$

である。

　これに、外から電場Eをx軸方向にかけ、正電荷球の中心が、負電荷球の中心（原点O）に対して、x方向にdだけ変位した点Aにあるとしよう（図5-7）。二つの球は大部分重なり合っていて、その部分は中性である。しかし、表面部分ではずれているので、正負の電荷が細い三日月のように現れる。dがaに比べて非常に小さいとすると、その面密度は$\sigma' = \rho d \cos\theta$である。これは、3.3節で考えた導体球の誘導面電荷と同じ角度依存性を持っている。

　このモデルのように、$+Q$と$-Q$の二つの電荷が短い距離dで対となっている系を、**電気双極子**という。電気双極子は、**電気双極子モーメントp**というベクトルで表わされる。その大きさは$p = Qd$、方向は負電荷から正電荷へ向か

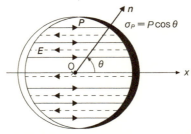

図5-7　正負の電荷を持つ二つの球が少しずれて重なった場合

う方向である。

> ### 発展コラム　電荷分布IV──誘電体の電荷構造と電気的分極
>
> 誘電体では、価電子はすべて原子に束縛されていて、自由には動き回れない。水素をはじめ多くの原子や分子では、電荷球モデルと同様に、電子の電荷の雲の重心は原子核と一致している。外から電場 E を作用させると、原子核には電場と同じ向きの、電子には電場と逆向きの力が働き、互いに逆の向きに変位する。一方、原子核と電子との間には引力が働くので、外からの電場による変位は有限のところで止まる。その結果、原子や分子は中性ではあるが、正電荷の中心と負電荷の中心とがずれて、電気双極子となる。これが、ミクロな電気的分極の第1のメカニズムである。
>
> 食塩（塩化ナトリウム、NaCl）などのイオン結晶では、Na^+ などの正イオンや Cl^- などの負イオンがあるが、結晶ではこれらはぎっしり詰まっており、動けない。外からの電場により正負のイオンが逆向きに変位する。これがミクロな電気的分極の第2のメカニズムである。
>
> ケイ素のように共有結合している電子の分布も、外からの電場の作用によって電場と逆向きに変位する。これが、ミクロな電気的分極の第3のメカニズムである。
>
> 水や氷では、水素原子が隣り合う二つの水分子の酸素原子の間で変位する。これが、ミクロな電気的分極の第4のメカニズムである。これらのメカニズムは、典型的に単独で起こる場合もあるが、物質によっては複合的に働く。
>
> 誘電体の表面近くでは、結晶の原子面の表面に垂直な方向の間隔が

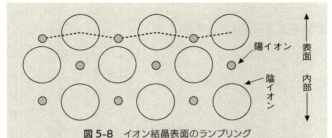

図 5-8 イオン結晶表面のランプリング

内部とは異なる（**表面緩和**）。また、イオン結晶の表面では、正イオンと負イオンが表面に垂直な方向に出たり引っ込んだりする**ランプリング**という現象が起こる（図5-8）。これらによって、イオンの変位や電子の密度分布の様子は、表面近くでは内部とは異なる。

表面近くの点を中心とする領域で平均した電気分極は、内部とは異なり、また中心位置によっても異なるので、分極電荷が表面近くに現れる。それを表面からの深さ方向について積分したものが、誘電体の表面の分極電荷面密度となる。

有極性分子　水の分子では水素Hと酸素Oとは一直線上にはなく、負電荷の電子密度の中心は原子核の正電荷の中心とはずれている（p.29の図2-2参照）。したがって、水の分子は、電気双極子モーメントを持っている。このように、外からの電場が働かなくても電気双極子モーメントを持つ分子を**有極性分子**という。電場の有無にかかわらず存在する電気双極子を**永久電気双極子**という。

アンモニア（NH_3）、ヨウ化ナトリウム（NaI）、一酸化炭素（CO）などの無機化合物、またハロゲンや窒素を含む有機化合物、アルコールなどのヒドロキシ基（-OH）、カルボキシ基（-COOH）、塩基などのついた有極性分子が多数ある。

電気双極子による電場

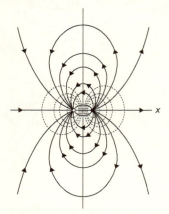

図5-9 電気双極子の作る電気力線（実線）と等電位面（点線）

図5-7の面電荷は、球の外では正電荷から始まり負電荷に終わる電気力線を作る。その様子は、球の半径a以上に中心から離れたところでは、原点にある負電荷$-Q$と点Aにある$+Q$の電荷が作る電場ベクトルを合成したベクトルで表わされる。それが作る電気力線と等電位面を図示すると、図5-9のようになり、電気双極子からの距離だけではなく、電気双極子の向きに対する角度にも依存する。電場の成分は、次のようになる。

$$E_x = \frac{p(3r^2 - x^2)}{4\pi\varepsilon_0 r^5}、\ E_y = \frac{-pxy}{4\pi\varepsilon_0 r^5}、\ E_z = \frac{-pxz}{4\pi\varepsilon_0 r^5} \quad (5.11)$$

電場の大きさは距離の3乗に逆比例するが、電場の向きは複雑に変化する。

球面$r=a$の外向き法線は、原点からのベクトルrの方向である。電場ベクトルのその方向の成分は、球面の外側では$E^+_r = \frac{2p\cos\theta}{4\pi\varepsilon_0 a^3}$である。内側では、電場は$-x$方向を向いた一様な電場で、その大きさを$E'$とすると、$E^-_r = -E'$

$\cos\theta$ である。ガウスの定理から、$E^+{}_r - E^-{}_r = \dfrac{\sigma'}{\varepsilon_0} = \dfrac{\rho d}{\varepsilon_0}$ が成り立つ。$\rho d = \dfrac{3p}{4\pi\varepsilon_0 a^3}$ であるから、

$$E^-{}_x = -\frac{p}{4\pi\varepsilon_0 a^3} = -\frac{1}{3\varepsilon_0}\frac{p}{\dfrac{4\pi a^3}{3}} = -\frac{P}{3\varepsilon_0} \tag{5.12}$$

となる。$P = \dfrac{p}{4\pi a^3/3}$ は、球の電気的分極の体積平均、すなわち電気分極である。

実際の原子や分子では、正電荷は原子核に集中しており、電子の負電荷が連続的に分布している。電気的に分極した状態では、負電荷の中心が原子核からずれている。その場合の電気双極子モーメントpは、

$$\text{電気双極子モーメント }(p) = \int dV\, \boldsymbol{r}\rho(\boldsymbol{r}) \tag{5.13}$$

によって与えられる。$\rho(\boldsymbol{r})$ は電荷密度である。積分は、原子や分子を包み込む領域にわたって行う。

一方、領域内の電場の体積平均は、$-\dfrac{P}{3\varepsilon_0}$ となる。

電気双極子に働く回転力

電場Eの中に置かれた電気双極子には、プラス電荷とマイナス電荷に逆向きの力が働く。これは、電気双極子を回転させるような回転力である（図5-10）。回転の軸は、電気双極子モーメントpと電場Eとの二つのベクトル

図5-10　電気双極子に働く回転力

を含む面に垂直な方向で、回転の向きはpからEへと回る向きである。

分かりやすく言えば、ベクトルpからベクトルEへと右ネジを回したときにネジが進む方向が回転軸となる。回転力（力のモーメント、トルクなどともいう）は、回転軸方向を向いたベクトルである。

数学では、このようなベクトルを**ベクトル積**といい、$p \times E$という記号で表わす。

数学メモ　二つのベクトルのベクトル積

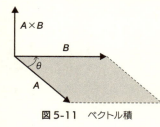

図5-11　ベクトル積

二つのベクトルAとBとのベクトル積は、それ自身新たなベクトルである。このベクトルCを、記号$A \times B$で表わす。$C = A \times B$は、ベクトルAとBとが作る平面に垂直な方向を向いている（図5-11）。向きは、ベクトルAからBへ向かって回した右ネジが進む向きである。BからAへ回すと、ネジは逆向きに進むから、$B \times A = -A \times B$である。これから、$A \times A = 0$である。

ベクトル積の大きさは、$C = |A \times B| = AB \sin \theta$である。$\theta$は、$A$から$B$への角度である。

ベクトル積の成分は、ベクトルAとBとの成分を使って、次のように表される。

$$\boldsymbol{A} \times \boldsymbol{B} = (A_y B_z - A_z B_y,\ A_z B_x - A_x B_z,\ A_x B_y - A_y B_x)$$
(5.14)

電場Eの中にある電気双極子モーメント$\boldsymbol{p}$は、静電気エネルギーUを持つ。

$$\text{静電気エネルギー}\ (U) = -pE \cos\theta = -\boldsymbol{p}\cdot\boldsymbol{E} \quad (5.15)$$

ここで、θは電気双極子モーメント$\boldsymbol{p}$と電場Eとの間の角度である。

　有極性分子の電気双極子は、回転運動をするが、その回転軸の向きや回転角速度は、熱運動によって絶えず変動している。外から電波を当てると、その振動数に同調した回転運動が引き起こされて、電波のエネルギーを吸収する。マイクロ波により水の電気双極子にエネルギーを与えることが、電子レンジの加熱の原理である。電子レンジは食材の水分を内部から加熱し、お酒の燗をつけたりする。

⚡ 平均化

　誘電体内部では多数の電気双極子モーメントが、一般にはバラバラの方向を向いて分布している（図5-12）。その様子は、熱運動によって時間的に変動している。
　原子・分子を多数含む領域について、電気双極子モーメントをベクトルとして加え合わせて体積で割ったものが、マクロな電気分極Pである。

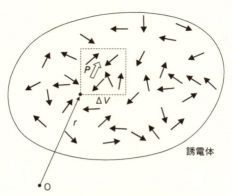

図 5-12 誘電体内部の電気双極子の分布

> マクロな電気分極 P は、ミクロな電気双極子モーメント p の体積平均である

　電気分極 P は、平均を取る領域の中心座標の関数である。中心座標は、マクロな間隔をもって指定される。

　マクロな領域といっても、原子・分子を多数含むものであればよく、人間の眼からすれば十分に小さいマイクロメートル以下のサイズと考えることができる。その領域での平均量は、より大きなスケールで見れば連続的な量とみなせる。最近は、ナノスケール（0.1 μm 以下）の構造が作られるようになった。そのような場合には、状況に応じてスケールの選び方や取り扱い方を考えねばならない。

　時間についても、熱運動によるゆらぎを多数回にわたって平均するようなスケールを考える。

⚡ ミクロな電気的分極を引き起こす電場

　誘電体の中の原子、分子、イオンなどに作用して、ミクロな電気的分極を引き起こす電場E_aは、その位置における電場である。これを**局所電場**という。外部の電荷による外からの電場E_eや、遠い表面の分極電荷からの反電場は、マクロな平均電場Eにまとめられる。

　誘電体内にある他の電気双極子モーメントによる電場は、電気双極子のミクロな配置に依存して複雑である。しかし、遠く離れた電気双極子による部分は、マクロな電気分極によるものとして計算できる。

　電気分極が一様な場合には、誘電体の中に対象原子を中心とする球をくりぬいて、その外の電気分極による電場を求める。このとき、球の内面に現れる分極電荷は、一様に電気分極した球の分極電荷と大きさは同じで、符号を反転させたものとなる。それが球内に作る電場は、球の反電場の符号を反転させたものである。これを、**ローレンツ電場**E_Lという。

$$\text{ローレンツ電場}\ (E_L) = \frac{P}{3\varepsilon_0} \qquad (5.16)$$

　くりぬいた球の内部にある電気双極子モーメントによる電場は、個々の場合に応じて計算するしかない。立方対称性がある結晶の格子点とか、均質な液体の中とか、対称性の良い環境の中では、球内の電気双極子からの電場は打ち消しあってゼロとなる。その場合の局所電場E_aは、マク

ロな電場 E とローレンツ電場 E_L の和となる。

$$\text{局所電場}\ (E_a) = E + \frac{P}{3\varepsilon_0} \tag{5.17}$$

原子などの環境の対称性が低い場合には、E に対する補正項は異なったものとなる。

⚡ 常誘電体

局所電場 E_a が小さければ、ミクロな電気双極子モーメントの平均値 $\langle p \rangle$ は、E_a に比例する。このような物質を**常誘電体**という。

$$\text{電気双極子モーメントの平均}\ (\langle p \rangle) = \alpha E_a \tag{5.18}$$

比例係数 α(アルファ)を**電気分極率**という。ミクロな電気的分極が電場によって生じる場合には、電気分極率は温度によらない。有極性分子の場合には、熱運動によってランダムな分子の方向が、電場をかけると平均的にその方向を向く。このことから、電気分極率は絶対温度 T に逆比例する。

電気分極 P は、(電気双極子の体積密度 n)×(ミクロな電気双極子モーメントの平均 $\langle p \rangle$)である。したがって、P と E との間には、

$$P = n\alpha E + \frac{n\alpha P}{3\varepsilon_0} \tag{5.19}$$

という関係が成り立つ。これを、P について解けば、

$$P = \frac{n\alpha}{1 - \dfrac{n\alpha}{3\varepsilon_0}} E = \varepsilon_0 \chi E \tag{5.20}$$

となる。係数χは、(5.3) 式の**電気感受率**である。電束密度$D = \varepsilon_0 E + P = \varepsilon_0(1+\chi)E = \varepsilon E$だから、誘電体の誘電率$\varepsilon = \varepsilon_0(1+\chi)$であり、$k = 1+\chi$は比誘電率であった。式 (5.20) から、次の式が成り立つ。

$$\text{比誘電率}\ (k) = \frac{3\varepsilon_0 + 2n\alpha}{3\varepsilon_0 - n\alpha} \tag{5.21}$$

電気分極率や比誘電率の値は、多くの物質について調べられており、『理科年表』などのデータブックにまとめられている。

5.5 磁石の電気版——強誘電体

自発電気分極

ある種の物質は、磁石のように、電場が無くても永久にマクロな電気分極を持ち続ける。この電気分極を、**自発電気分極**という。

自発電気分極状態の存在は、式 (5.20) の電気感受率が、分母が0に近づくと非常に大きくなることから予想される。実際、いくつかの有極性分子の結晶では、常誘電性状態での電気感受率の温度変化は、

$$電気感受率 \chi = \frac{C}{T-T_C} \tag{5.22}$$

となる。これを**キリー–ワイスの法則**という。この法則は、第6章で述べるように、もともとは磁性体について1907年にP. ワイスによって導かれたものである。

歴史メモ　強誘電体という言葉の歴史

強誘電体を、英語ではferroelectricという。ferroとは、鉄のことである。なぜ、こういう言葉が使われるのだろうか？　畏友石橋善弘氏による考証を紹介する。

E. シュレディンガー（量子力学の波動方程式で有名）は、若いころ（1912年）の論文で電気感受率が発散する可能性を指摘し、これは鉄がある温度以下で磁石になることと同じだとして、"すべての固体は»ferroelektrisch«な状態になるのではないか" と述べた。

自発電気分極を持つ最初の物質としては、ロッシェル塩（酒石酸カリウムナトリウム）が1921年にJ. ヴァルセックによって発見された。その論文では、昔の合成者P. セニエットに因んで、seignette electricityという言葉が使われた。1935年のH. ミューラーのロッシェル塩についての論文で、"ferro"-dielectric stateという言葉が初出するという。彼は数年後には引用符を外したが、次に発見された強誘電体の大物であるリン酸二水素カリウム（KDP）の研究では、実験家も理論家も、ferroという言

葉はまだ使っていない。

第二次大戦中に、チタン酸バリウム（$BaTiO_3$）が強誘電体であることが、日本、ソ連、米国の研究者によって独立に発見された。その後、同じペロフスカイト構造の結晶の強誘電体が多く見つかった。これらは、堅くて扱いやすく、基礎研究や応用が大いに進んだ。このころから、ferroelectricityが主流になったようだ。

日本では、第二次大戦前にミューラーの論文から"ferro"という言葉が導入され、三宅静雄が使った。「強誘電体」という言葉は、高橋秀俊の造語（初めは強透電体）である。「強磁性体」と対にしたのであろう。「鉄」などの物質名を使わなかったのは、日本人の見識と言える。

強誘電相

常誘電性の電気感受率が無限大になれば、電場が0でも電気分極は有限であり得る。誘電体中の二つの電気双極子の間に働く電気力は、双極子の位置関係によって複雑である。一つの双極子から見て斜め上方および下方の領域では、二つの双極子の向きを揃えようとする。局所場のローレンツ電場も、中心にある電気双極子を電気分極の方向に向くように働く。この効果が熱運動より強ければ、すべての永久電気双極子が同じ方向を向いた状態が実現する。このような状態を、**強誘電相**という。すなわち、永久電気双極子の向きが無秩序である**常誘電相**から、秩序を持った強誘電相への転移が起こる。これを、**秩序－無秩序転移**といい、物質界ではほかにも多くの例がある。転移が起こる境

目の温度T_Cを**キュリー温度**という。物質によっては、強誘電相が現れる温度域が下限を持つこともある。

イオンの変位によってミクロな電気的分極が起こる場合には、イオン間の弾性力が変位を抑えようとする。しかし、イオンの変位が関連しあって秩序を持ち、強誘電相へと転移する場合がある。これを、**変位型転移**という。チタン酸バリウムは、その典型物質である。電子密度分布の偏極が位置の変位と連動して、転移を起こす場合もある。

最近では、光電子放出の実験によって、原子やイオンの位置と電子の密度分布を直接観測できる。図5-13に、チタン酸鉛（PbTiO$_3$）の例を示す。この結晶は、鉛原子（Pb）と酸素原子（O）が並んだ面と、チタン原子（Ti）とOが並んだ面とが積み重なった構造をしている。常誘電相では、それぞれの面は正方形と同じ対称性を持ち、面内方向には電気分極はない。積み重ねた全体も立方体の対称性を持ち、積み重ねる方向の電気分極もない。強誘電相では、Pb-O面、Ti-O面ともにイオンが図5-13の上下方向に変位し、自発電気分極が現れる。接近したPb-O、Ti-O間には電子が溜まり、結合の共有結合的な性格が強まる。一方、離れたイオン間には電子があまりなく、共有結合性は弱まる。強誘電相では原子面は正方形の対称性を失い、結晶全体にも立方体的な対称性はない。

一般に強誘電相に転移すると、常誘電相に比べて結晶の対称性が低下し、結晶にひずみが生じる。これを、**電気ひずみ**といい、イヤフォン、筋肉の働きを助けるアクチュエーター、物質表面を探る金属針の微細な運動の駆動などに

常誘電相

強誘電相

2.0Å

図 5-13 チタン酸鉛（PbTiO$_3$）の結晶構造と価電子密度分布

応用されている。

　逆に、結晶に圧力や応力をかけると、電気分極が生じる。これを**圧電気（ピエゾ電気）**といい、マイクロフォン、タッチセンサー、自動ドアなど、応用例が多い。

　強誘電相の表面の分極電荷は、普通の条件では空気中のイオンなどの逆符号の電荷がくっついて、打ち消されている。温度が変わると、変化した分の分極電荷が現れる。これを**焦電気**（ピロ電気）という。焦電気は、18世紀ごろから知られていた。しかし、強誘電性とは結びつけられて

はいなかった。

強誘電体中の場

　強誘電相においても、電場Eと電束密度Dについてのガウスの法則が成り立つ。電気力線は、正の分極電荷から出発し、負の分極電荷で終わる。これに対し、電束密度線は分極電荷を始点や終点とはしない。したがって、可動電荷がない場合には、電束密度線は閉曲線としてのみ存在できる。図5-7の球の電気分極が自発的な場合、球の外が真空とすれば電束密度は電場に比例するから、電束密度線も電気双極子モーメントが作るものとなる。球内では、電束密度Dは反電場による項$-\dfrac{P}{3}$とPとを加えて$\dfrac{2}{3}P$となる。電束密度線は、電気分極Pと同じ向きの平行直線となる。この直線と外の双極子型の曲線とがつながって閉曲線をなす（図5-14）。

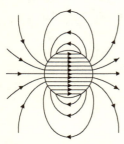

図5-14　強誘電体球の内外の電束密度線

分域構造とヒステリシス

　自発電気分極があっても、強誘電体の材料全体が一方向の電気分極を持たない場合がある。これは、材料がいくつかのマクロな領域に分かれ、それぞれの領域の中では自発電気分極しているが、その方向や向きが一様ではなく、全体としての電気分極は打ち消しあって0となっているから

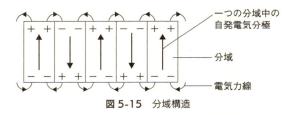

図5-15　分域構造

である（図5-15）。このような構造を**分域構造**という。

　これに外から電場をかけると、電場と同じ向きの分域が拡張して、材料全体としての電気分極Pが現れる。最初のうちはPは電場Eに比例する。その有効電気感受率はミクロに電気的分極が起こる場合に比べて数千倍も大きい。さらに電場を強くすると、強誘電体全体が同じ向きに分極した状態（単一分極）へ近づき、飽和状態に至る。

　この状態から電場を弱くすると、Pは元の道を逆行するのではなく、別の経路をたどって減少する（図5-16）。これは、分域の境界の移動が、結晶中の不純物や格子欠陥（たとえば原子が抜けているところ）の影響のために、引っかかっては外れるというような運動となるからである。これは一種の摩擦運動であるから、熱の発生を伴い、不可逆である。さらに電場を逆向きに強くすると、材料全体の電気分極が0となる。そのときの電場の強さを**抗電場**という。こうして電気分極P（あるいは電束密度D）と電場Eとの関係は、図5-16に示すようなループとなる。

履歴に依存する現象をヒステリシス**という**

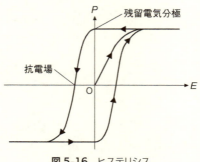

図 5-16 ヒステリシス

ヒステリシスは、電気分極の反転によるスイッチやメモリーなどの応用を考えるときに重要である。また、ヒステリシスループに囲まれた面積は、熱として散逸するエネルギー損失を与える。

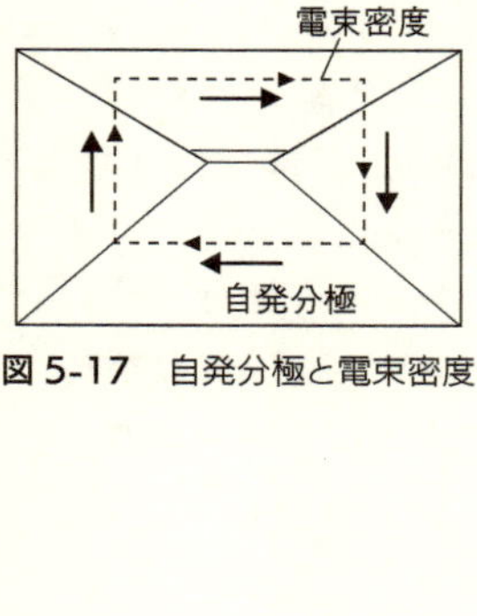

分域構造が、図5-17のようになっているときには、電束密度線が閉曲線となることがよく分かるだろう。

図 5-17 自発分極と電束密度

発展コラム　液晶ディスプレー
——スマートフォンのからくり2

　スマートフォンや液晶テレビの画像は、たくさんの小さい面積の画素（ドット、ピクセル）から構成されている。1画素のサイズは、dpi（dot per inch）で表示される。たとえば200 dpiならば、サイズは0.127 mmである。

　この画素に背後から光を照射し、それが通過する（ON）か通過しない（OFF）かによって、明暗が制御される。この切り替えをするのが、光スイッチで、いろいろな方式があるが、ここでは、標準的なものを紹介しよう。

　2枚のガラス板の間に、ネマチック液晶を挟む。これは、長さ10 nm程度の棒状の有極分子の液体で、重心の位置はランダムだが、分子の方向には秩序がある。上下のガラス板に細工をして、分子の方向が下から上へ90度回転するらせん状の構造になるようにしておく〈図5-18（a）〉。光は横波で、その電場ベクトルは進行方向に垂直である（第8章）。一方向の電場ベクトルの光だけを通すフィルムを**偏光板**という。

　下の偏光板を通過した光の電場ベクトルは、一方向だけを向いている。このような光を**偏光**という。らせん構造の液晶を通過すると、光の偏光の方向もそれに同期して回転する。上に置く偏光板の向きを下と90度ずらして配置すると、光は通過する（ON）。上下の板の間に電圧をかけると、液晶分子は一方向へそろい、電場が分子に垂直な光だけが通るが、その光は上の偏光板で止められる（OFF）〈図5-18（b）〉。

　どの画素に電圧をかけるかは、画素に組み込んだ小さいトランジスタを使って制御する。色は、通過した光に色フィルターをかけて付け

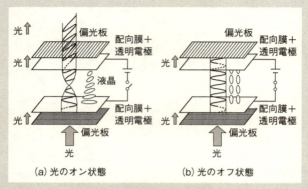

図 5-18　液晶ディスプレーの仕組み

る。下から当てる光にLEDを使って色を付けることも考えられている。

　スマートフォンに限らず、従来型携帯電話（いわゆる"ガラケー"）、液晶テレビ、パソコンなど、液晶ディスプレーを通った光は、偏光している。そのことは、偏光板を通して画面を見ると分かる。偏光板は、DIYの店で買える。手軽に作るには、セロハンテープを同じ方向に数枚重ねて張れば、偏光板になる。偏光板を回しながらディスプレーを観察すると、明るさが変動する。

　最近の新型スマートフォンでは、偏光板を回転して見ても暗くならないものがある。これは、画面から出ていく光をフィルターの層に通して、偏光方向が回転しながら進む円偏光に変換するなどの技術を使っている。さらに、光源に有機半導体を使い、偏光のない発光を用いている場合もある。こうして、ビーチやスキー場などで偏光サングラスをかけた人が、どの方向から画面を見る場合にも、表示を見やすくする工夫をしている。

第 6 章
磁石とは何だろうか

> 磁石は古くから人間の興味を惹いてきた物質である。しかし、その詳しい性質は19世紀まで謎に包まれていた。磁気における磁石が電気における強誘電体にあたることを念頭に、磁石の正体を解き明かそう。その背景には、ミクロの電子の振る舞いを記述する量子論が控えている。

6.1 誘電体の話を磁石に翻訳する

磁気と電気、似ているところ、違うところ

　第1章で述べたように、電気の研究は摩擦電気から始まった。電荷と電気力線、電流、誘電体と進み、強誘電相に至った。これに対して、磁気の研究はまず永久磁石から始まった。永久磁石は、誘電体の場合には、ある方向を向く電気分極の分域が優勢で、残留電気分極を持つような強誘電体材料にあたるものである。電気力と磁気力は、ともにクーロンの法則にしたがい、距離の2乗に逆比例する。したがって、強誘電体材料について前章で述べたことを手掛かりにして、まずマクロの磁気の話を電気の話と並行して進めることができる。

　しかし、磁気には電荷に対応する**単独の磁荷は発見され**

ていない。可動電荷に対応する可動磁荷、電流に対応する磁流はない。誘電体の電気分極は、正負の電荷の対であるミクロな電気双極子の平均量である。一方、磁性体の磁気分極（磁化という）を担う要素と考えられるミクロな磁気双極子は、正負の磁荷の対ではない。その本性は、電子のスピンとそれに伴う磁気双極子が発見されて初めて明らかになった。

さらに、第4章で紹介したように、エールステッドにより電流の磁気作用が発見された。6.3節で述べるように、円電流のような閉じた電流は磁気双極子と同じ磁場を作る。ミクロの領域においては、原子の中の電子の軌道運動によって磁気双極子が作られる。磁流はないので、これに対応する電気現象はない。

本章では、電気と磁気との共通点と異なる点とを手掛かりにして、磁気の正体に迫っていこう。まず、磁気的な性質の研究の歴史をざっと見よう。

永久磁石の磁性

磁鉄鉱（マグネタイト）に代表される天然の永久磁石は、ずいぶん昔から知られていた。

永久磁石となる材料物質は、強誘電体材料と同様に**自発磁化**を持つ。磁気では、電気分極にあたる磁気分極のことを、**磁化**という。歴史的には、磁気の研究が電気の研究に先行したので、磁気独特の言葉づかいがある。

磁石全体は自発磁化の分域（磁気では**磁区**という）に分かれている（図6-1）。このため、磁場をかけたときの全体

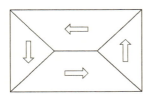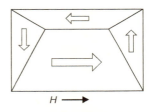

(a) 磁場なし　　　　　　(b) 磁場あり、また残留磁化
　　　　　　　　　　　　　　のある状態

図6-1　磁区と磁化

の磁化は、ヒステリシスを示す。いわゆる永久磁石の磁化は、外からの磁場が0でも残っている**残留磁化**である。

単独の磁荷がないために、強誘電体とは異なって、残留磁化は空気中でも中和されず外へ磁場を作る。このため、磁石は昔から天然に存在し、人間の注意を引き、役立った。しかし、ヒステリシスや磁区構造が明らかになったのは、19世紀後半のことである。磁石は身近ではあるが、その理解は簡単ではなかった。

反磁性

19世紀の中ごろファラデーは、誘電体の電気分極の誘導の研究に続いて、光と磁力線との関係を調べた。磁場中の物質の中を磁力線に沿って進む光線の偏光、すなわち光の電場ベクトルの方向が回転することを発見した（図6-2）。これを**ファラデー効果**という。

この過程で、ファラデーはたくさんの物質の磁気的性質を調べ上げた。鉄の芯のまわりにコイルを巻いて電流を流

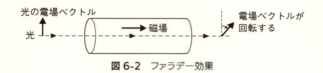

図6-2 ファラデー効果

す電磁石が開発され、強い磁場が人工的に作られるようになり、弱い磁化の様子が観察できるようになった。

特に、重ガラス（鉛のホウ酸・ケイ酸塩）の棒は、磁力線に垂直な方向を向くことを発見した。磁力線の方向を南北とすると、棒は東西（等緯度）の方向を向くのである（図6-3）。それまで知られていた磁針などは、磁力線に沿った方向を向き、また重心は磁力線の混み合っている磁場が強い場所へ引き寄せられる。これに対し、重ガラスの棒の重心は磁力線がまばらな磁場が弱い場所の方へ力を受ける。

この新しい磁気的性質を、ファラデーはdiamagnetismと名づけた。接頭辞diaにはacrossという意味があり、磁力線を横切る方向（等緯度方向）を向く磁性ということである〈equatorial（等緯度方向を向く）という表現も使われている〉。日本語では**反磁性**という。それは、磁化の向

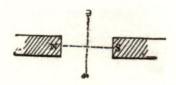

図6-3 反磁性（ファラデー『研究日誌』）

きが外からの磁場と逆向きだからである。

銅、アルミニウムなどの多くの金属が反磁性を持つ。特にビスマスやグラファイト（黒鉛）の反磁性は大きい。鉛筆やシャープペンシルの芯は黒鉛である。これらをU字型磁石のN極とS極との中間に吊るすと、磁力線の南北方向に垂直な東西方向を向くのが観察できる（図6-4）。絶縁体や水などの液体、有機分子などの物質のほとんどは反磁性を持つ。

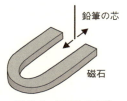

図 6-4 反磁性の実験

反磁性は、導体、誘電体を問わずに、多くの物質で観測された。ファラデーは、最初のうちは、これはmagnetismとは別種の新しい現象だと考えた。反磁性の磁化の絶対値は、鉄などの磁化と比べると桁違いに小さい。

反磁性の磁気は、7.5節で述べるように、ファラデーが発見した電磁誘導によって誘導された微小な電流によるものである。このため、強磁性や常磁性を持つ物質では、その陰に隠れている。しかし、電磁誘導は普遍的な現象であるから、これらの場合も反磁性は存在する。その意味で、反磁性こそが普遍的な磁性なのである。

常磁性と強磁性

ファラデーはまた、これまで磁気を持たないとされていた物質も、強い電磁石には引きつけられることを発見した。磁石を加熱すると、磁化が0になる。しかし、これを

電磁石の磁場の中に置くと、弱い磁化が生じる。常温でも、鉄、ニッケル、マンガンなどの元素を含む化合物、さらには酸素ガスなどがこのような磁性を示す。この磁性は、昔から知られていた磁石と同様で、磁化された物質は磁力線に平行な方向を向く。ファラデーはこの磁性を、paramagnetismと命名した。磁性全体をmagnetismとし、それがparamagnetismとdiamagnetismとに分かれるとした。鉄などの強い磁性も、paramagnetismに含めた。

電磁石を使って、電流の値によって磁場の強さを数量的に制御できるようになった。それによって、磁化と磁場との関係が研究され、鉄などでは磁気ヒステリシスがあることも分かってきた。磁区構造の変化による磁化を**技術磁化**という。

また、温度を制御した実験もなされるようになった。

図6-5 P. キュリー

常磁性と強磁性とをはっきり区別したのは、1895年のP. キュリー（放射能の研究で有名なM. キュリーの夫、図6-5）の論文である。キュリーは、室温から1370℃までの温度域で、たくさんの物質について磁化や磁化率を測定した。その結果に基づいて、磁性体を、反磁性体、弱磁性体（faiblement magnétique、フランス語）、強磁性体（ferro-magnétique）の3種に分類した。鉄、ニッケル、コバルト、磁鉄鉱、いくつかの合金

は、磁化率が桁違いに大きく、またヒステリシスを持つという特徴があり、弱磁性体とは異なるものとして強磁性体とした。

彼は、弱磁性体の磁化率が絶対温度に逆比例することを示した。これを**キュリーの法則**という。酸素、パラジウム、硫酸第一鉄、硫酸ニッケル、硝酸コバルト、硫酸マンガンなどがこの法則にしたがう。さらに、強磁性体の磁化率も変態点（今ではキュリー点という。鉄では770℃、ニッケルでは358℃）よりもかなり高い温度域では、絶対温度にほぼ逆比例することを示した。磁鉄鉱（850〜1267℃）、鉄（930〜1280℃）が、彼が挙げた例である。このことは、弱磁性と強磁性とはミクロには同じものに由来していることを示唆している。

反磁性体の磁化率は、温度にほとんどよらない。例外は、ビスマスとアンチモンで、温度が上がると絶対値が急速に減少する。

その後、弱磁性は、常磁性（paramagnetism）と呼ばれている。しかし、常誘電性とは異なり、磁性では普遍的なのは常磁性ではなく、反磁性の方である。キュリーはまた、気相-液相が存在する範囲を (p, T) を座標軸として表わすように、常磁性相-強磁性相を (H, T) を座標軸として表わせると述べている。

6.2 マクロな磁場の法則 I ―― 磁石が作る磁場

磁力線

電気力が電気力線で表わされたように、磁気力は磁力線で表わされる。磁力線の様子は、砂鉄の粉を磁石のまわりに分布させて観察できる。

鉄の板に紙を留めるときに使う"マグネット"などの磁石を砂場や砂浜の砂の中に入れると、たくさんの砂鉄の粉が付着する。これを集めて、紙やアクリルの板にばらまき、下に磁石("マグネット"、棒磁石、U字型磁石など)を置く。板を軽く揺すると、磁石のまわりに模様ができる。

ファラデーは、『研究日誌』にたくさんの図を付けている(p. 190参照)図6-6以下に紹介する。もちろん、みなさんも簡単にやってみることができる。粉がたくさん集中するところが、**磁極**である。粉の様子を見ると、N極とS極が一群の曲線で結ばれていることが分かる。N極同士、S極同士の間では、反発しあうことも分かる。

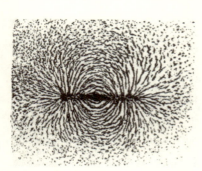

図6-6 磁力線(ファラデー『研究日誌』)

粉の分布の様子を表わす曲線が磁力線である。電気力線

を数学的に電場で表わしたように、磁力線から**磁場ベクトルH**を定義する。磁場ベクトルの方向は、磁力線の接線方向であり、N極からS極に向かう向きに定義する。大きさは、磁力線に垂直な断面での密度である。

磁気のガウスの法則

電気力線のガウスの法則に対応して、磁力線にもガウスの法則が成り立つ。

> 閉曲面を貫く磁力線の総数は、閉曲面に包み込まれた磁荷に比例する

ガウスの法則は、電気の場合は電気力が正確に距離の2乗に逆比例することを表わしていた。その基礎になったのは、導体球の中には電荷がないというキャベンディッシュの実験であった。磁気の場合には、単独の磁荷がないから、そのような実験による証明はできない。とりあえずガウスの法則が成り立つとして、理論を進め、それから導かれるいくつかのことを実験で確かめるしかない。

閉曲面に包み込まれる「磁荷」とは、電気での分極電荷に対応する**分極磁荷**のことである。電気分極線に対応して、磁化線が考えられる。誘電体の分極電荷に対応して、分極磁荷σ_mが考えられる。その面密度は、分極電荷面密度の式に対応して、

$$\text{分極磁荷面密度}(\sigma_m) = -M_n \tag{6.1}$$

となる。

> 磁場ベクトル$\boldsymbol{H}$に対するガウスの法則は、
> $$\mu_0 \int dS\, H_n = -\int dS\, M_n \tag{6.2}$$
> となる

μ_0を、真空の透磁率といい、その値は$4\pi \times 10^{-7}\,\text{N/A}^2$と定義されている。

磁場の中に置かれた小さな磁針には、N極には$Q_m\boldsymbol{H}$、S極には$-Q_m\boldsymbol{H}$の磁気力が働く。二つの力は、大きさと方向は同じで、向きが逆だから、回転力となる。その力のモーメントNは、

$$\boldsymbol{N} = \boldsymbol{m} \times \boldsymbol{H} \tag{6.3}$$

とベクトル積を使って表わされる。$\boldsymbol{m}$は、大きさは$Q_m d$（dは磁針の長さ）、方向はS極からN極へ向かうベクトルで、電気双極子にならって、**磁気双極子モーメント**という。ミクロな磁気双極子モーメントについては、6.5節で詳しく述べる。

磁場中の磁気双極子のエネルギーは、

$$U_m = -\boldsymbol{m} \cdot \boldsymbol{H} \tag{6.4}$$

である。これを**ゼーマンエネルギー**という。

磁束密度

磁石の近くに置いた鉄の針は、それ自身磁化を持つ。これは、**磁気的な誘導**である。誘導は、針が磁石に接触していなくても起こる。これらの様子は誘電体の電気分極の電気的誘導と同じである。ファラデーはこれを磁気的な伝達（magnetic conduction）と呼んだ。電気的な誘導と同様に、磁気的な誘導もまた磁性体中と真空中との二つのチャンネルを通して行われる。それを統括する量として、電束密度にならって、**磁束密度ベクトルB**を導入する。すなわち、

$$\text{磁束密度}(\boldsymbol{B}) = \mu_0 \boldsymbol{H} + \boldsymbol{M} \tag{6.5}$$

である。可動電荷に対応する可動な磁荷がないから、次のように磁束密度のガウスの法則が成り立つ。

$$\text{磁束密度}\boldsymbol{B}\text{に対するガウスの法則は、}$$
$$\int dS\, B_n = 0 \tag{6.6}$$
$$\text{となる}$$

これはもちろん、式（6.2）の右辺を左辺に移項したものである。可動電荷がない場合の電束密度線と同様に、磁束密度線は閉曲線となる。

一方、磁力線は分極磁荷を源とするから、磁性体の中では**反磁場**を作る。反磁場は磁性体の形や方向に依存する。

反磁場H'と磁化Mとの関係は、反電場と電気分極との関係〈式(5.5)〉と同じである。反電場係数Nがそのまま反磁場の計算にも使える。すなわち、$H' = -N\dfrac{M}{\mu_0}$である。

磁石の内部と外部の磁場と磁束密度の様子の一例を、(図6-7)に示す。

広い板状の磁石が面に垂直に磁化している場合には、反磁場は$-\dfrac{M}{\mu_0}$となり、$B=0$である。したがって、磁場は完全に板の中に閉じ込められて、外へは漏れない(図6-8)。

鉄板にものを留めるために使われる"マグネット"では、磁化は面に平行な方向を向き、しかも二つの分域(磁気では磁区という)に分かれているものが多い。その証拠には、二つのマグネットを向かい合わせて近づけると、半

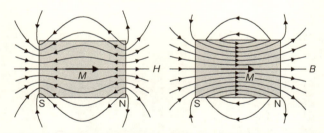

図 6-7 (左)磁石内外の磁場 **H**。N極で発生しS極に終わる。(右)磁石内外の磁束密度 **B**。磁束線は連続である

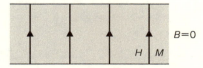

図 6-8 面に垂直に自発分極した板磁石

分ほどずれた位置でしかくっつかない。

　磁気シートも面に平行な磁区が縞模様になっている。二つの磁気シートを接触させておいて、面に平行にずらそうとすると、滑らかには動かず、接着力が強い場所とない場所とが交互に現れ、すべったり引っかかったりを繰り返す。これらのことは、簡単に試してみることができる。

磁気記録

　強磁性体は、強誘電体と同様に、自発磁化の方向が異なる分域（磁区）に分かれている。外からの磁場を強くしていくと、その方向の磁区が広くなる。これは磁区の境界（磁壁）の移動によるが、その移動はスムーズではない。そこで、全磁化の変化は、図6-9に示すように、細かく見ると階段状になっている。この階段を上がる様子は、電磁誘導電流によって検知され、音に変えて聞くことができる。

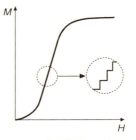

図 6-9　磁化曲線の一部と拡大図

　磁気テープ、磁気カードなどでは、面に垂直または平行な磁区の方向の列によって情報が記録される〈図6-10（a）〉。磁気テープは平行記録方式である。垂直記録方式は、岩崎俊一によって提唱され（1975年）、記録密度が高いのでハードディスクなどで主流となっている。光磁気カードでは面に垂直な磁区列が情報を記録する〈図6-10（b）〉。その

(a) 面に平行な磁化

(b) 面に垂直な磁化

図6-10 磁気記録

読み取りには、光を照射して反射光の偏光面の回転を利用している。また、レーザー光を当てると、温度が上がって自発磁化がなくなる。図書館やレジでは、光を当てて情報の読み取りと消去を行っている。磁気がなくなったカードは、出口の磁気感応ゲートを無事に通れる。

磁化率、透磁率

常磁性体、反磁性体、磁化がない強磁性体材料では、弱い磁場をかけたときの磁化Mは磁場Hに比例する。

$$磁化（M）= \mu_0 \eta H \tag{6.7}$$

ηを**磁化率**（磁気感受率）という。ηの値は、常磁性体では1〜10の程度であるが、強磁性体では数千にもなる。強磁性体は、強誘電体の場合と同様に、磁区構造を持つ。磁場がなければ打ち消しあっていた磁化が、磁場によってそれと同じ向きの磁化を持つ磁区が増えることにより磁化が現れる。このため磁化率は大きな値を持つ。磁場が少し強くなると、磁化は急速に変化し、ヒステリシス曲線によ

って考えねばならない。

　ηは、常磁性金属ではほとんど温度によらない。化合物の常磁性体では、キュリーの法則にしたがい、絶対温度に逆比例する場合が数多く知られている。

　反磁性体では、ηはマイナスであり、絶対値は小さい。

　式（6.7）が成り立つ場合には、磁束密度Bは磁場Hに比例する。

$$B = \mu_0(1+\eta)H = \mu H \tag{6.8}$$

$\mu = \mu_0(1+\eta)$ を物質の**透磁率**（permeability）という。動詞 permeate は、"行き渡る""浸みこむ"という意味である。$k_m = 1+\eta$は、比透磁率である。

6.3 マクロな磁場の法則 II——電流が作る磁場

電流が作る磁束密度線

　すでに4.2節で述べたように、H. C. エールステッドは、電流がそのまわりに磁場を作ることを発見した。すなわち、直線電流が流れている導線の近くに置かれた磁針は回転して、ある方向を向く。その方向は、電流に垂直で、また電流から磁針へ向かう方向にも垂直である。

　エールステッドは、導線の材質を変えたり、導線と磁針の間に金属や誘電体を挿入したり、さまざまな実験を行った。その結果、この現象は導線の電流と磁針との間の直接

作用によることを確かめた。磁針の振れる向きについては、

> 負電気が自分の上へ入ってくるように見える（磁）極は西へ振れ、それが下に入ってくるように見える極は東へ振れる。

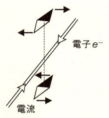

図6-11 電流による磁場の検出

と結論づけた（図6-11）。すなわち、導線に流れる電流は磁場を作るが、導線の真上と真下とで磁場の向きは電流に垂直で（図6-12）、互いに逆である。さらに導線の横などで磁場の向きを調べると、結局磁力線は導線のまわりを一周する円となることが分かった（図6-13）。

その様子は、導線が垂直に貫く紙の上の粉の模様から、よりはっきりと分かる（図6-14）。磁力線は導線を中心とする同心円となる。磁石のN極か

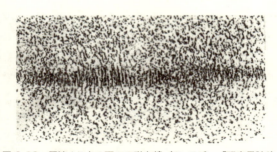

図6-12 電流より上の面での磁力線（ファラデー『研究日誌』）

ら始まりS極で終わる磁力線とは異なり、閉曲線である。磁石が作る磁場の場合には、磁束密度Bが閉曲線であった。

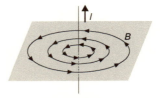

図6-13 直線電流のまわりの磁束密度線

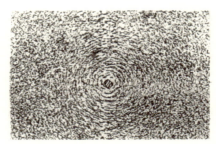

図6-14 電流に垂直な面での磁力線(ファラデー『研究日誌』)

そこで、

> 直線電流はそのまわりに同心円状の磁束密度線を作る

と考えよう。磁束密度Bの方向は、円の接線の方向で、向きは磁束密度線に沿って右ネジを回したときにネジが電流の方向に進む、という関係である(図6-15)。さらに、磁束密度Bの大きさ

図6-15 右ネジの法則

は、円上では角度によらずに一定である。また、電流Iを大きくすると、磁束密度もまたそれに比例して大きくなる。

> **数学メモ　閉曲線に沿ってのベクトルの一周積分**
>
> 　積分は、関数$f(x)$にx軸に沿っての微小変位Δxを掛けて、x_1からx_2まで足し上げるのが普通である。しかし、半径aの円周に沿って、$f(x, y)$に円周上の変位$a\Delta\theta$を掛けて、$\theta=0\sim2\pi$と一周して足し上げるような積分も考えられる（θは中心角）。このように曲線に沿っての積分を**線積分**という。
>
> 　これを拡張して、一般の閉曲線に沿っての一周積分を考え、記号$\oint$で表わす。また、たとえばベクトル$\boldsymbol{B}$について、曲線に沿った微小変位$\Delta\boldsymbol{s}$とのスカラー積$\boldsymbol{B}\cdot\Delta\boldsymbol{s}$を考えて、その一周積分を、$\oint d\boldsymbol{s}\cdot\boldsymbol{B}$で表わす。

以上のことから、

> 磁束密度$\boldsymbol{B}$の接線成分を円に沿って一周積分した値は、円を貫く電流Iに等しい

という法則が考えられる。磁束密度Bの大きさは円に沿って一定であるから、積分値は$2\pi rB$である。したがって、直線電流から距離rのところでの磁束密度は次のようになる。

$$B = \frac{I}{2\pi r} \qquad (6.9)$$

このことは、後で述べる電流間の力に関するA. M. アンペール（図6-16）の実験で確かめられた。

⚡ アンペールの法則

円に沿っての一周積分の値が円の半径によらないことから、電流を囲む任意の形の閉曲線Cについての磁束密度の一周積分の値が、電流Iに等しい。これを

図6-16 A.M. アンペール

$$\oint d\boldsymbol{s} \cdot \boldsymbol{B} = I \qquad (6.10)$$

という式で表す。式（6.10）を**アンペールの法則**という（図6-17）。

アンペールの法則は、一周積分する円の面が直線電流に対して傾いていても成り立つ。すなわち、

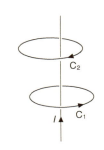

図6-17 アンペールの法則を考える閉曲線の例

> 閉曲線Cに沿っての磁束密度線の一周積分の値は、閉曲線に囲まれた面を貫く電流に等しい

という関係が成り立つ。定常電流は、電池を含む回路、つ

まり別の閉曲線C'に沿って流れている。したがって、

> 磁束密度を一周積分する閉曲線Cと、定常電流が流れる閉曲線C'とが絡み合っていれば、$\oint d\boldsymbol{s}\cdot\boldsymbol{B}=I$ であり、絡み合っていなければ0である

が成り立つ。

二つの閉曲線が互いに絡み合っているかいないかという関係は、閉曲線の形状とは別の関係で、トポロジカルな関係という（図6-18）。$\oint d\boldsymbol{s}\cdot\boldsymbol{B}$ の値は、絡み合いがなければ0となり、1回絡み合えばIとなり、N回絡み合えば$N\times I$となる。またこれまでは互いに右ネジの関係にあるとしてきたが、電流の向きが逆になれば、当然1回絡み合ったときに$-I$となる。

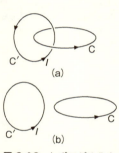

図 6-18 トポロジカルな関係

ソレノイドコイル

図6-19のように、電流が流れる導線が2巻きになると、アンペールの法則の右辺は$2I$となる。巻き数がNになれば、NIとなる。

そこで、円筒に導線を密にN回巻きつけたものを、**ソレノイド**

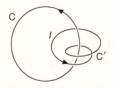

図 6-19 2巻きの導線

コイル(略してソレノイド)という(図6-20)。コイルに電流Iを流すと、円筒の内側では磁束線は円筒軸に平行になり、磁束密度Bは場所によらずに一様となる。円筒の一方の端から出た

図 6-20 ソレノイド

磁束線は、広い空間を一周して、別の端から入ってくる。大ざっぱには、磁束密度Bの大きさは円筒の内部では一定で、外では0と考えてもよい。

そこで、円筒をくぐって一周する閉曲線Cについて、アンペールの法則の右辺の積分値は、磁束密度の値B×円筒の長さbとなる。したがって、

$$\text{ソレノイドの磁束密度}(B) = \frac{NI}{b} \tag{6.11}$$

となる。単位長さ当たりの巻き数$\frac{N}{b}$を大きくするように、密に、また重ねて巻くことによって、大きな磁束密度Bを得ることができる。

ソレノイドに電流を流したときの磁束線の様子は、まわりにばらまいた粉の様子から観察できる(図6-21)。その様子は、円柱状の棒磁石の場合と同じである。bが円柱の半径よりも十分に大きければ、棒磁石の反磁場は0である〈式(5.5)の反電場を参照〉。したがって、ソレノイドに当る棒磁石の磁化M=磁束密度Bである。棒磁石の磁気双極子モーメントの大きさは、M×体積(長さb×断面積S)であるから、

図6-21 鉄芯を入れたソレノイドの磁力線（ファラデー『研究日誌』）

ソレノイドの等価棒磁石の磁気モーメント $(m) = NIS$
(6.12)

である。このように、電流を流したソレノイドは、一種の棒磁石である。ソレノイドの中、および端からちょっと出たところでは、磁束密度Bは式（6.9）である。ソレノイドから離れた外側では、棒磁石と同じく、磁気双極子モーメントの作る磁場となる。

ソレノイドの中に磁性体を入れ、電流を流すと磁化する。磁性体に外からかかる磁場の磁束密度は、$\mu_0 H = \mu_0 \dfrac{NI}{b}$である。強磁性体を入れたソレノイドでは、これに強磁性体の磁束が加わる。こうして、鉄芯を入れたソレノイド電磁石が外部に作る磁場は非常に強くなる。

6.1節で、ファラデーが用いた**電磁石**（図6-22）はそのようなもので、これによって彼はそれまで検知できなかった多くの物質の弱い磁性を観測できた。ソレノイドコイルの端付近の磁場や、ソレノイド中に入れた鉄芯付近の磁場の様子は、ファラデーによって観察された（図6-21参照）。

第 6 章 磁石とは何だろうか

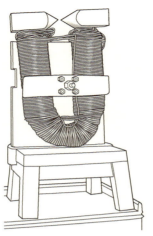

図 6-22 ファラデーが使った電磁石

⚡ 磁化電流

　ソレノイドコイルと棒磁石との対応関係を一般化しよう。一般に、閉曲線に沿って流れる閉じた電流 I の作る磁場は、遠くでは磁気双極子が作る磁場となる。

> 閉じた電流の磁気双極子モーメントは、
> $$m = IS \tag{6.13}$$
> と表わされる

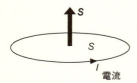

図 6-23 面積ベクトル S の向きは電流が縁の曲線を回る向きと右ネジの関係にある

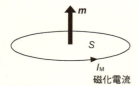

図 6-24 磁気双極子モーメント m と磁化電流 I_M の関係

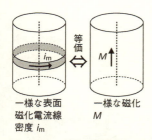

一様な表面磁化電流線密度 i_m 　　一様な磁化 M

図 6-25 一様な表面電流で表わすことができる一様に磁化した磁性体

S は、閉曲線に囲まれた領域の面積 S を大きさとし、方向は面に垂直で、向きは電流に沿って回した右ネジが進む向きとなるベクトルである（図6-23）。

逆に、磁気双極子モーメントが m の磁性体は、m に垂直な断面の縁を回る電流で置き換えることができる（図6-24）。この電流を**磁化電流**と呼び、記号 I_M で表わす。磁化電流の向きは、その向きに回した右ネジが進む方向が m の方向になるように選ぶ。磁化電流の大きさは、側面に沿っての単位長さ当たりの磁化電流線密度 i_m = 磁化 M となるように選ぶ（図6-25）。反磁性体の磁化も、磁化電流を使って表わすことができる。

磁化電流は磁石の表面磁荷に対応するもので、普通の電流とは異なり、磁性体の外に取り出すことができない。これに対して、導線に流した電流 I は、切ったり入れたりできる。誘電体で考えた可動電

荷に対応して、**可動電流**と呼ぼう。

磁化電流によって磁性体の磁化を表わせば、アンペールの法則は

$$\oint d\bm{s}\cdot\bm{B} = I + I_M = I + \oint d\bm{s}\cdot\bm{M} \tag{6.14}$$

となる。この式を書き換えれば、次のことが成立する。

> $$\oint d\bm{s}\cdot(\bm{B}-\bm{M}) = \mu_0 \oint d\bm{s}\cdot\bm{H} = I \tag{6.15}$$
> であり、$\bm{H}$は可動電流Iのみにより、磁化電流I_Mの寄与はない

磁場が弱くて磁化$M = \eta H$が成り立つ場合には、磁束密度$B = \mu_0(1+\eta)H = \mu H$となる。普通の反磁性体では、$\eta$はマイナスだが絶対値は小さい。

しかし、**超伝導体**では、$\eta = -1$、すなわち$B = 0$となる。これを**完全反磁性**という。磁束密度線は、超伝導体の中に入れない。

分極磁荷が外部磁場に対して付加的な反磁場を作るのに対応して、磁化電流は外部磁束密度に対して付加的な磁束密度を作る。反磁場H'を$-N\dfrac{M}{\mu_0}$としたとき、対応する磁束密度は$B' = (1-N)M$となる。ここで、Nは反磁場係数といい、その定義は5.3節で導入した反電場係数と同様である。反磁場係数Nは1以下であるから、B'はMと同じ向きを向く。反磁性体では、Mは外部磁場と逆向きなので、

B'もまた外部からのB_eと逆向きである。

6.4 電流に働く磁気的な力

電流間の力

アンペールは、まず平行な電流間の力を調べた。図6-26で、導線ABは固定されている。導線CDはXYで支えられており、そこを軸にして回転することができる。これにより、ABとCDの電流が同じ方向に流れている場合には引力、反対方向に流れている場合には斥力が働くことが分かった。電荷が同じ方向に動くときに引力が働くことから、この力は電気的なものではなく、磁気的な力であるこ

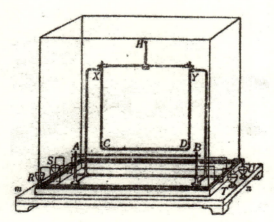

図6-26 アンペールの平行電流に関する実験装置

よ〜し
またあとで！

ルート2

$\sqrt{2} =$
1.4142135623730950488016887
242096980785696718753769480
7317667973799073247846210 70
3885038753432764157227350138
4623091229702492483605585 07
3721264412149709993583141 32
2266592750559275579995050 11
5278206057147010955997160 59
7027453459686201472851741 86
4088919860955232923048430 87
1432145083976260362799525 14
0798968725339654631880829 6
4062061525835232950547457502
8775996172983557522033753 18
5701135437460340849884716 03
8689997069900481503054402 77
9031645424782306849293691 86
2158057846311159666871301 30
1561856898723723528850926 48
6124949771542183342042856 86
0601468247207714358548741 55
6570696776537202264854 4……

公式サイト

ブルーバックス

とが分かった。

　力の方向は電流に対して垂直で、力の大きさは二つの電流の大きさの積に比例し、二つの電流の間隔rに逆比例する。A→Bに電流が流れると、その方向に右ネジが進むように回転する向きの磁束密度B_{AB}が生じる。その大きさが、式（6.9）で予想したように、直線電流からの距離rに逆比例することが確かめられた。

　電流が流れ始めると、それを取り巻く磁束密度線のループが発生し、電流が増加するにつれてそれが広がっていくと考えられる。空間の途中で、磁束密度線が突然発生したり、消滅したりすることはない。電流によって作られる磁束密度線もまた、電荷によって作られる電気力線と同様に、直観的に分かりやすいものである。

　この磁束密度は、CDの位置では図の手前方向を向いている。それがC→Dに流れる電流に鉛直下方へ向かう力をおよぼす。したがって、力の向きは、電流ベクトル（方向は電流の方向）から磁束密度ベクトル$\boldsymbol{B}$へと右ネジを回したときに、ネジが進む向きである。すなわち、ベクトル積を使って、

　電流の単位長さ当たりの力（$\boldsymbol{F}$）
　　　　　　　　　＝電流（$\boldsymbol{I}$）×磁束密度（$\boldsymbol{B}$）　　（6.16）

と表わされる。

ローレンツの磁気力

電流は電荷の流れである。電流に働く磁気力は、速度vで運動している電荷qに働く磁気力を集めたものである。

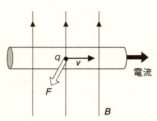
図6-27 運動する電荷に働くローレンツの磁気力

磁気力の大きさは、電荷q、速度v、磁束密度Bの積に比例する。その方向は、速度vと磁束密度Bとの両方に垂直である(図6-27)。この力を**ローレンツの磁気力**という。ベクトル積を用いれば、次のように表わされる。

> 運動電荷に働くローレンツの磁気力Fは、
> $$F = qv \times B \tag{6.17}$$
> である

導体や半導体に電流を流し、それに垂直に磁場をかけると、電流と磁場とに垂直な横方向に電流の担い手の流れが生じる。担い手が横方向の境界面に達すると、そこには電荷が溜まる。こうして横方向に起電力が発生する。これを**ホール効果**という。起電力の向きから、電流の担い手の電荷の符号が分かる。P形半導体では、担い手の電荷が正であることは、このことから分かった。

電子、イオン、原子核、陽子などの電荷を持った粒子が磁束密度線の中を速度vで運動するときに、ローレンツの磁気力は常に速度ベクトルvに垂直に働き、その方向を垂直方向へ曲げるように働く。このような運動は円運動であり、**サイクロトロン運動**と呼ばれる（図6-28）。円運動の加速度は、速度ベクトルが自身に垂直に時間当たり角速度オメガωの角度で回転することから、ωvである。質量m×加速度$\omega v = \omega v m$が力qvBに等しいことから、円運動の角速度は

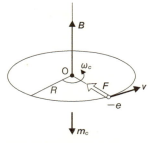

図6-28 電子のサイクロトロン運動と反磁性

$$\text{サイクロトロン運動の角速度}\ (\omega_c) = \frac{qB}{m} \quad (6.18)$$

となる。この角振動数は円運動の速度や半径によらない。そこで、この角振動数で変動する電場によって、電荷を持った粒子を加速し続けることができる。その装置を、**サイクロトロン**という。

サイクロトロン運動は、粒子の加速だけでなく、未知の荷電粒子の比電荷$\left(\dfrac{\text{電荷}\ q}{\text{質量}\ m}\right)$を知るためにも役立つ。多くの素粒子の比電荷がこの方法で求められた。また、金属や半導体の結晶の中での電子の運動は、量子力学的効果によ

って、真空中とは異なる慣性質量を持つ粒子のように振る舞うことも分かった。ローレンツの磁気力の向きは、電荷の符号によって逆になるから、サイクロトロン運動の回転の向きは粒子の電荷の符号による。このことを使って、放射線のα線は正の電荷の粒子（ヘリウムの原子核）、β線は負の電荷の粒子（電子）のビームであることが分かった。

閉じた電流に働く力

アンペールは、円電流を流したコイルを吊り下げると、円の面が子午線、すなわち地磁気の磁力線に垂直な方向を向くように回転することを発見した。これは、6.3節で述べた円電流が持つ磁気双極子モーメントに働く回転力による。

このことを使って、アンペールは図6-29に示す装置により、円電流の一部分（素片）の間に働く力を調べた。この装置には三つの円電流コイルA、B、Cがある。これらのコイルの半径を、ABCの順に1：2：4とし、ABとBC

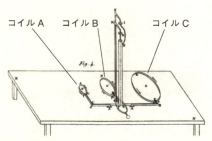

図6-29 電流素片間の力を調べるアンペールの実験装置

の中心間の距離を1:2と設定する。AとBとCに、大きさは同じ電流を流す。その向きはAとCは同じだが、Bとは同じ向きかまたは逆向きにする。いずれの場合にも、コイルBは回転しないことを確かめた。

　コイルBの電流素片に働く磁気力を考える。AとCは相似形だから、中心角が同じ電流素片を考えると、Cの電流素片はAの素片の長さの4倍である。一方、BCの距離はBAの距離の2倍である。Cの素片とAの素片とがBの素片に及ぼす磁気力が釣り合っている。このことから、

電流素片間の磁気力は、距離の2乗に逆比例する

とアンペールは結論した。

　各コイルを、等価な磁気双極子で置き換えたときには、NS極間の磁気力は、距離の2乗に逆比例する。電流素片間の力は、ちょうどそれに対応している。これを、円に沿って積分すれば、磁気双極子間の力と一致する。

　6.3節で述べたように、円電流は磁気双極子モーメント $m = IS$ と同じ磁束密度を作る。円電流が磁束密度から受ける力も、磁気双極子モーメントが受ける力に等しい。この両面について、円電流と磁気双極子モーメント $m = IS$ は等価である。

　このことは、任意の形の閉じた電流に拡張できる。というのは、任意の形の閉じた電流は、それを縁とする面内の、同じ向きを回る小さな円電流の集まりに置き換えて考えることができるからである（図6-30）。というのも、円

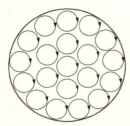

図 6-30 小さな円電流

が接しあっているところでは、電流が逆向きなので打ち消しあうからである。

こうして、円電流が磁気の構成要素として考えられ始めた。アンペールは微小な円電流を**分子電流**と呼び、それらの間の力学によって磁気現象を説明しようとする電気力学を拓いた。

応用の上からは、電磁石の極の間に置いた閉じた電流の回転により動力を取り出す電動モーターが、1832年のW.スタージャンを皮切りに続々と発明された。電動モーターは蒸気機関に続く新しい動力源として、機械や電車の運転により近代社会を支えた。

6.5 磁気の担い手を求めて

ミクロな磁気双極子の大きさ

キュリーは、常磁性と強磁性とを区別したが、両者は同じ実体から生じているとした。すなわち、ミクロな磁気双極子の集団があり、その方向が気体分子の位置のようにランダムな状態が常磁性で、液体のように一種の秩序を持っている状態が強磁性であるというアイデアを述べた。こうして、磁気の本性を物質系の状態という広い問題と結びつけた。

> ### 発展コラム　磁石はどこまで分割できるか？
>
> 　家庭などで使われているフェライト磁石は脆いので、金づちで叩けば容易に割ることができる。磁石の破片は、それぞれ小さい磁石である。これをさらに砕いていっても、ますます小さくなるが、やはり磁石である。細かに砕いた磁石をすり鉢ですって細かい粉にすると、やがて粉は集まって球状の塊となる。粉磁石同士がくっつきあった状態で、全体としては磁化を持たない。つまり磁石ではなくなる。
>
> 　この状態では、一つの粉粒子では、磁区構造はなくなり、自発磁化は一方向を向いている。自発磁化した結晶のエネルギーは、磁化の方向によって異なり、ある結晶軸方向で最低となる。その方向を**磁化容易軸**という。外からの磁場がなければ、粉粒子の自発磁化はいくつかの等価な磁化容易軸（たとえば、x, y, z軸）を等確率で向いていて、粉粒子の集まりの磁化は0となるのである。磁場をかけると、全体としてその方向に磁化する。これを超常磁性という。
>
> 　磁石でなくなる粉粒子の大きさは、物質によるが、安価な強力磁石であるバリウムフェライトでは1 μm（100万分の1メートル）の程度である。

ランジュヴァンの磁気理論

　19世紀の末に電子が発見され、それを用いて物質の性質を調べることが、H. A. ローレンツなどによってはじめられた。P. ランジュヴァンは、アンペール以来の分子電流というアイデアを、電子の運動によって具体化した（1905年）。

彼は、まず分子電流の磁場による変化を調べた。一つの原子の分子電流は、一般にはいくつかの電子の円運動によって担われている。その磁気モーメントの合成が、0の場合と有限の場合とがある。外から磁場をかけると、第7章で述べる電磁誘導により、新たに誘導される電流の磁気双極子モーメントが生じる。これが反磁性で、元々の合成磁気モーメントの有無に関わりなく起こる。

合成磁気モーメントがある場合には、有限温度では磁気モーメントの間の"衝突"により、そのエネルギーが変動する。重力場の中の気体分子が高さzにいる確率は$\exp\left(-\dfrac{mgz}{kT}\right)$に比例する（$k$はボルツマン定数、$T$は絶対温度である）。ランジュヴァンは、磁場$H$の中の磁気双極子モーメント$m$について、位置のエネルギー$mgz$の代わりにゼーマンエネルギー$-\boldsymbol{m}\cdot\boldsymbol{H}$を用いて、統計平均値$\langle \boldsymbol{m} \rangle$を計算した。その結果を図6-31に示す。

全体の磁化Mは、分子電流の数密度をnとして、$n\langle \boldsymbol{m} \rangle$

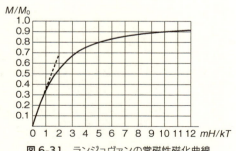

図6-31 ランジュヴァンの常磁性磁化曲線

である。磁場が弱ければ、図6-31の曲線は直線 $\langle m \rangle = \dfrac{mH}{kT}$ で近似される。磁化Mは磁場に比例し、磁化率ηは絶対温度Tに逆比例する。こうして、キュリー則$\eta = \dfrac{C}{T}$が導かれた。また、キュリー定数Cは、m^2と数密度nとに比例することが分かった。

磁場が非常に強くなると、すべての磁気双極子は磁場の方向を向き、磁化Mは一定値$M_0 = nm$に飽和する。これを磁気飽和という。この状態が外からの磁場がなくても実現しているのが強磁性である。

ランジュヴァンは、数値的な検討を行い、以下のような重要な結論を得た。分子電流の半径や速度は、原子の大きさや吸収・放出する光の振動数から見積もった値と矛盾しない。大きな常磁性を示す酸素分子の磁気双極子mの値は、電子1個の分子電流で説明できる。密度が高い液体酸素の飽和磁化の値は、鉄に比べて小さいとは言えない。しかし、標準状態の気体では、Hが1万ガウスのときに、$\dfrac{mH}{kT}$の値は0.01の程度である。磁気飽和を実現している強磁性体では、分子電流間の相互作用が重要なことが理解できる。キュリーの気相−液相転移の類推は正当である。

ワイスの強磁性理論

続いてP. ワイス（図6-32）は1907年に、分子場仮説により、強磁性転移を導いた。気相−液相を記述するファン・デル・ワールスの式の内部圧力項にヒントを得て、まわりのミクロな磁気双極子との相互作用を、マクロな平均量である磁化Mに比例した磁場で表わし、これを**分子場**

図6-32 P. ワイス

と呼んだ。

分子場H_mは、$H_m = \lambda \langle m \rangle$で表わされる（図6-33の直線）。液体が外圧0でも存在するように、$\langle m \rangle$が外部磁場なしでも存在する条件は、図6-33の交点Aで表わされる。絶対温度が高くなると、図の直線の勾配が急になり、交点は原点に近づき、M-T曲線が得られる。解がある上限温度が、変態点（キュリー点）である。ワイスは、磁鉄鉱の実験結果（ドライアイスの温度-79℃～変態点587℃）をきれいに説明した。

変態点よりも高温では、磁化率は

$$\text{磁化率} = \frac{C}{T - T_C} \tag{6.19}$$

となる。これを、**キュリー−ワイスの法則**という。

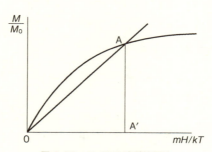

図6-33 ワイスの強磁性理論

外部磁場がある場合には、直線は右へ移動し、交点から磁化と磁場の関係（磁化曲線）が得られる。これも実験で確かめた。これらの解析で、試料の形状と反磁場、結晶の方向により磁化が変化する磁気異方性を考慮する必要がある。

　鉄などのヒステリシスについては、次のように考える。鉄の試料は、さまざまな方向を向いた結晶粒の集まりである。また、反磁場や磁気異方性のために、結晶粒の磁化の方向は磁場からずれている。これらのことを考慮して、試料全体で平均化された磁化と磁場との関係を調べていくことにより、ヒステリシスループが得られる。今から見ると、磁区と結晶粒とは独立のものだが、イメージとしては間違ってはいないだろう。

　これらの研究によって、ワイスは二つの重要な結論を得た。一つは、キュリー定数の値から、たとえば鉄の分子電流は、鉄の相（$\alpha \sim \delta$）に応じて1個（α鉄）、2個（β鉄）、2個（γ鉄）、3個（δ鉄）の原子からなる、ということである。これは文字通り正しいわけではない。しかし、ミクロな磁気双極子の大きさmが、ある要素単位の1から数倍の範囲に収まることは、今では多くの常磁性体、強磁性体で確立されている。これが初めて明らかにされた。この単位は、後に量子論で出てくるボーア磁子である。誘電体の場合、有極性分子の電気双極子の大きさpは、もっと広い範囲に散らばっていて、特別な単位らしきものはない。

　第二点は分子場の大きさである。磁気双極子モーメントの値mは、実験結果と同程度であるが、鉄の分子場の大

きさは8000万ガウスにもなる！　分子電流が中心に作る磁場は、その数千分の1でしかない。しかし、ワイスは言う。

> 分子場の理論は十分な数の事実により支持されているので、これが真理のきわめて重要な部分を含み、この解釈の困難は異議としてよりも原子構造に関する新しい研究のための指示と考えるべきものと確言してよいと信じる。

鉄などについて**磁気ヒステリシス**の研究は、ワイス以前から進んでいた。磁化の分域である**磁区**の様子は、鉄などの表面に強磁性体コロイドを置くと、顕微鏡で観察できる（図6-34）。また、光の偏光の回転（ファラデー効果）などによっても調べることができる。磁区構造のある試料全体の磁化を、**技術磁化**という。

図6-34　磁区観察図

歴史メモ　ユーイングと日本の磁気研究の夜明け

ヒステリシスという言葉を初めて用いたのは、1878～1883年、東京大学の御雇教授であったJ. A. ユーイング（図6-35）である（1881年）。この論文には、東京大学

数学科・物理学科・星学科の第1期生、第2期生の卒業研究が寄与している。23歳の若さで着任したユーイングは、学生から"ユー公"と呼ばれて、親しまれていた。

図6-35 J. A. ユーイング

ユーイングは、2本の長い磁針に磁場をかけた系の力学的考察や模型により、技術磁化のヒステリシスの説明を試みた。ユーイングとその後任者C. G. ノットの影響を受けて、日本の近代物理学の研究では、磁気の分野が先頭を切った。鉄などの結晶は自発磁化を持つと、その方向に伸びて形が歪む。これを**磁歪**（じわい）という。長岡半太郎や本多光太郎（ほんだこうたろう）は、磁歪の研究からスタートした。

磁歪の研究は、1842年のJ. P. ジュール（熱の仕事当量で有名、図6-36）に始まる。ジュールは、分子電流説では磁化によって鉄棒が縮むことになるので、磁気を担う"原子"を考え、その形が磁化に伴い伸び変形するという独自の説を提唱した。

図6-36 J. P. ジュール

本多光太郎（図6-37）と大久保準三は、ユーイングの模型を拡張して、小磁針の集合体による磁化曲線の説明を

図6-37 本多光太郎

試みた（1916年）。本多 - 大久保理論の小磁針は要素磁石そのものではなく、結晶のある領域についてそれらをまとめた複合体（elementary complex）であり、磁区の磁化にあたる。つまり、これは技術磁化の理論である。小磁針の磁化が大きいので、分子場の難点を持たず、実験結果の解析には有効であった。たとえば茅誠司は、結晶の磁化が方向によって異なる磁気異方性の磁化曲線の解析を、長い間本多 - 大久保理論によって行った。

1916年は、本多が鉄にコバルト、クロム、タングステンなどを加えた合金の強力磁石（保磁力が従来の数倍）を発明した年でもある。彼は、研究費のスポンサーの名前を取って、これをKS鋼と名づけた。本多の一連の鉄鋼研究では、磁気分析が有力な武器となった。現在では希土類元素（サマリウムやネオジムなど）の合金やバリウムフェライトなど保磁力がさらに数十倍に高められた強力磁石が作られている。

磁気と角運動量

強磁性は現象論的には強誘電性に似ているが、一つ大きな違いがある。それは、強磁性は回転運動と関係していることである。

たとえば、鉄の円柱を吊るしておいて鉛直方向に磁化すると、円柱は回転を始める（図6-38）。これを、**アインシュタイン-ド・ハース効果**という。逆に、磁化を持っていない鉄の円柱を回転させると、磁化を持つという実験もある。これを、**バーネット効果**という。これらの実験は、1910年代に行われた。

図6-38 磁化と回転

力学では、物体の回転運動は、回転軸の方向を向き、大きさは回転の角速度に比例する**角運動量ベクトル ℓ** で表わされる（図6-39）。上記の二つの実験は、鉄の中の電子の磁気双

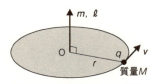

図6-39 円運動している粒子の角運動量 ℓ と磁気モーメント m

極子モーメント m が、また角運動量をも持っていることを示している。アインシュタイン-ド・ハース効果では、磁気双極子モーメントの向きが揃うと、角運動量の向きも揃い、鉄の棒全体の回転が起こる。バーネット効果では、鉄全体の回転に伴って、電子の回転の向きが揃い、磁気双極子モーメントの向きも揃う。

質量 M、電荷 q の粒子が、半径 a、速さ v の円運動をしているとき、角運動量は $\ell = Mva$ である。一方、円電流は

$I = \dfrac{qv}{2\pi a}$ だから、磁気双極子モーメントは $m = IS = \dfrac{qva}{2}$ である。したがって古典論では、磁気双極子モーメント m と角運動量 ℓ の比（**磁気角運動量比 γ**）は、

$$\text{磁気角運動量比}\ (\gamma) = \frac{m}{\ell} = \frac{q}{2M} \tag{6.20}$$

である。ところが、上記の実験によれば、γ の値はほぼ $\dfrac{q}{M}$ で、古典論の値の2倍である（実は、アインシュタイン‐ド・ハースの最初の論文では、古典論の値に近い実験値があったので、それを採用して、アンペールの分子電流仮説を検証したと述べている）。

一方、P. ゼーマンは、1895年に、原子による光の吸収スペクトルが、磁場をかけると数本に分裂することを発見した。これを**ゼーマン効果**という。H. A. ローレンツは、ゼーマンの研究中から彼の質問に答えて、この現象を原子の中の電子の運動によって説明し、助言した。磁場の中にある原子中の電子が角運動量 ℓ を持って回転運動していると、磁気双極子モーメント $m = \gamma \ell$ を持つので、そのゼーマンエネルギーは、

$$U = -\boldsymbol{m} \cdot \boldsymbol{H} = -\gamma \boldsymbol{H} \cdot \boldsymbol{\ell} \tag{6.21}$$

となる。ローレンツは、γ の観測値から電子の比電荷 $\left(= \dfrac{\text{電荷}}{\text{質量}}\right)$ の値を推定した。そして1897年に、J. J. トムソン

第6章 磁石とは何だろうか

は電子を真空中に取り出して、比電荷の値の直接観測に成功した。

1913年のボーアの量子論により、原子の中の電子のエネルギーは、連続的ではなく、一連の特定の値のみを取ることが分かった。また、電子の軌道が持つ角運動量の磁場方向成分は、$\hbar \left(= \dfrac{プランク定数 h}{2\pi} \right)$ の整数倍の値のみを取ることが分かった。光が吸収されるときには、電子のℓの値の変化分が、$+\hbar$、0、$-\hbar$のいずれかである。これにより、ゼーマン効果のある部分は説明された。

電子のスピン

たとえばナトリウムの光吸収スペクトルのゼーマン効果など、分裂した線が2本だけになる場合があることが分かった。これを**異常ゼーマン効果**という。

1921年に、シュテルンとゲルラッハは、銀原子のビームが一様でない磁場の中を通過すると、二つのビームに分かれることを発見した（図6-40）。これは、銀原子の磁気

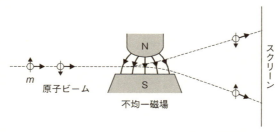

図 6-40 シュテルン-ゲルラッハの実験の概念図

双極子モーメントが、上向きと下向きの二つの向きのみを向いていることを示す。古典論では、磁気双極子は斜めの方向を向くこともあるから、二つのビームには分かれず、スクリーンには連続的に分布する。

これらの実験事実を説明するには、電子は重心の運動による軌道角運動量とは別に、重心が静止していても固有の角運動量sを持ち、その値は$s=+\frac{\hbar}{2}$と、$-\frac{\hbar}{2}$に限られ、そのγの値は軌道角運動量の場合の2倍である、と考えざるを得ない。sを、**スピン角運動量**（略してスピン）という。したがって、

> 電子の磁気双極子モーメントの大きさmは
> $$m = \gamma(\ell + 2s) = m_B(n_\ell + n_s) \quad (6.22)$$
> となる

n_ℓの値は整数、$n_s = \pm 1$である。したがって、$\gamma\hbar = \frac{eh}{2\pi M} = m_B$が、磁気双極子モーメントの最小要素、**ボーア磁子**である。

実際に観測されるのは、平均値$\langle m \rangle$である。量子論での平均は、熱運動以前に、電子の状態についても取る。電子が原子やイオンの中に局在している場合には、$\langle m \rangle$はm_Bの整数倍である。電子が結晶の中を動き回っている状態は、局在状態の重ね合わせなので、$\frac{\langle m \rangle}{m_B}$は一般には整数ではない。

このようにして、磁気のミクロな担い手は、量子化された軌道角運動量とスピン角運動量であることが分かった。

そこから出発して、マクロな磁化を説明する平均化の過程は、誘電体の場合と同じである。こうして、6.2〜6.4節の議論の土台が明らかになった。

発展コラム　スピンは自転か？

スピン角運動量は、重心が静止している電子が持つ量なので、一種の自転と考えてもよかろう。電荷を持つ粒子の自転から磁気双極子モーメントを説明することについては、朝永振一郎『スピンはめぐる』が詳しい。そこでは電子が半径 10^{-13} m 程度の球と推定されている。

しかし、電子の位置の観測結果から、電子には 10^{-18} m 以上のスケールでの構造はないことが分かっている。したがって、普通の空間における電荷球の回転によってスピン磁気双極子モーメントを"説明"する理論は、物理的実体を踏まえたものではない。

数学的には、回転操作は"群"と呼ばれる代数的な構造を持っている。回転群を表わすには、普通の3次元ベクトル以外にも、さまざまな代数系（数のセット）が考えられる。

W. パウリの提案（図6-41）は、空間の各点にある二つの成分を持つスピノール場によってスピンを表わすことである。つまり、上向きと下向きとの状態のセットである。斜めを向いた状態は、上向きと下向きとの状態の重ね合わせで表わされる。

P. A. M. ディラック（図6-42）は、相対性理論と量子力学とを融合した理論

図6-41　W. パウリ

を作り、スピンの存在を基礎づけた。その理論では、空間の各点に四つの成分を持つスピノール場があるとし、"回転"はそのような代数的空間における変換で表わされる。もはや、人間になじみのある3次元空間ではイメージを持つのは難しい。

図 6-42　P. A. M. ディラック

強い分子磁場の起源

先に述べたように、強磁性自発磁化のワイス理論によれば、磁気双極子間の磁気的相互作用に比べて数桁も大きい分子場が必要であった。この相互作用は、電子のスピンの間に量子力学的効果によって働くことが、1931年に、W. ハイゼンベルク（図6-43）の理論によって明らかにされた。

図 6-43　W. ハイゼンベルク

すでに2.1節で述べたように、パウリの原理により、スピンの向きを含めた量子状態は、1個の電子しか占めることができない。このため、たとえば3.3節で述べたように、ジェリウム模型では、自由電子系の上向きのスピンを持つ電子の位置には下向きスピンの電子しか来ることがで

きない。電子間のクーロン力により、上向きスピン電子のまわりには上下スピンを併せた電子密度が低い領域（交換空隙（くうげき））が作られ、背景のプラス電荷により上向きスピン電子のエネルギーが下がるのであった（p.61参照）。

では、接近して二つの電子がある場合にはどうなるだろうか？　それぞれの電子のまわりに交換空隙が作られる。二つの電子が共に上向きスピンであれば、空隙域には下向きスピンの電子が分布する〈図6-44（a）〉。片方が上向きスピン、もう片方が下向きスピンの場合には、空隙域の電子は下向きスピンから上向きスピンへと入れ替わる〈図6-44（b）〉。二つの場合のエネルギーには差が生じる。この差のエネルギーを**交換エネルギー**といい、交換係数と呼ばれる記号 J を使って表わす。

二つの電子スピンを s_1、s_2 と表わせば、
交換エネルギー＝$-J s_1 \cdot s_2$　　　　(6.23)
と書ける

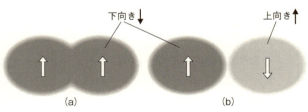

図6-44　スピンと電子分布

J がプラスであれば、二つのスピンが同じ向きの方が逆向きの場合よりもエネルギーが低い。これが強磁性自発磁化が生じる機構である。

　なお、勝木渥の研究によれば、ハイゼンベルク自身は、全電子系のエネルギーが交換相互作用によって自発磁化とともに低下することを指摘した。これをミクロな磁気モーメントの間の相互作用という形〈式 (6.23)〉で整理し、ランジュヴァン-ワイスの理論との関係を示したのは、E. C. ストーナーである。

　交換エネルギーの符号や大きさは、二つの電子のスピンを指定した量子力学的状態による。ジェリウム模型でも、上向きスピンの電子密度 $n_↑$ と下向きスピンの電子密度 $n_↓$ とが異なるとして計算すれば、つじつまの合った状態として強磁性が導かれる。鉄やニッケルについては、原子の集合体としての計算も行われている。鉄などについての計算結果の一例を、図6-45に示す。上向きスピンと下向きスピンの電子密度の差が磁気双極子モーメントを与えるのだが、その様子は表面近くでは内部とは異なる。

　ワイスの分子場理論は、交換エネルギーを平均化した磁気双極子、すなわち磁化に比例する磁場との相互作用エネルギーで置き換えたものである。すなわち、

$$\text{ワイスの分子磁場 }(\lambda M) = zJ\langle s \rangle \qquad (6.24)$$

である。z は隣接する磁気双極子の個数である。

　こういう考え方は、銅と亜鉛のように、2種類の金属原

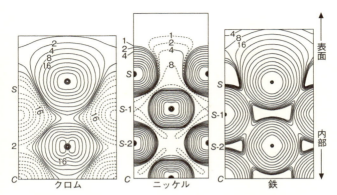

図 6-45 金属の上向きスピン電子雲と下向きスピン電子雲との密度差の例（実線は正、破線は負）

子からなる合金の中での原子配列の規則性を扱う統計力学的理論にあった。茅誠司は、このことに気がついて、本多－大久保理論を棄て、ワイス理論を受け容れたという。それはまた、研究の的を材料の特性に関わる技術磁化ではなく、物質の特性に関わる一つの磁区内の磁化へ転換することであった。こうして磁性の研究は、広く物質の諸性質を調べる物性物理学の一環となった。

電子スピンが感じる磁場

誘電体の中の電子が感じる電場と同様に、磁性体の中の電子スピンが感じる有効磁場は、マクロな磁場（外からの磁場と反磁場）とは異なる。磁性体では、隣接する電子スピンとの間の交換相互作用の効果を考えることが必要である。これによる分子場がはるかに大きいので、ローレンツ

局所場は、磁化した磁性体の中でも働くが、通常は無視できる。

相対論的量子力学で、1個の電子と電磁場との相互作用を計算すると、電子の磁気双極子モーメントと磁束密度との相互作用エネルギーが導かれる。このことから、電子が感じる磁場は磁束密度Bであると考えたくなる。しかし、電子が感じる磁場は、その電子自身の寄与を除いて、他の電子を源とするものである。真空中で考えれば、BとHとの違いは磁気双極子モーメントまたは分子電流の内部のみである。一方、磁場が働く対象の電子と磁場を作る電子との間には、パウリの原理が働く。そのために、対象電子と同じ向きのスピンの電子が対象電子の位置に来ることはない。この点をきちんと扱うためには、他の電子による磁場Hが対象電子の磁気双極子モーメントに働くと考えた方がよい。

異種の粒子（原子核、ミューμ粒子など）は、対象電子と同じ位置を占めることができる。異種粒子が作る磁場については、磁束密度Bが対象電子に働く。これは**フェルミの接触項**$A(s \cdot I)$を付け加えることで表わされる。sは電子スピン、Iは原子核などの異種粒子のスピンである。定数Aは、対象電子と異種粒子が同じ位置を占める確率密度に比例する。

磁気共鳴

磁場中の磁気双極子モーメントには、回転力が働く。電気と異なり磁気の場合には、双極子モーメントは角運動量

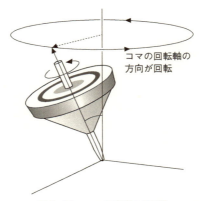

図 6-46 コマの味噌すり運動

ℓに比例する。回転しているコマに、回転軸に垂直な回転力をかけると、コマは倒れずに、回転軸の方向が回転する味噌すり運動をする（図6-46）。

同様に、磁気双極子モーメントは、磁場Hのまわりに回転運動をする（図6-47）。その回転角振動数は、$\gamma\mu_0 H$である。これと同じ角振動数の電波を作用させると、共鳴的に吸収する。これをスピン共鳴という。

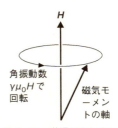

図 6-47 磁場のまわりの磁気モーメントの歳差運動

電子スピンの場合を**電子スピン共鳴**（ESR）といい、普通の実験ではマイクロ波の電波が使われる。共鳴角振動数から、電子の磁気的環境についての知見が得られる。ま

た、回転運動に対する抵抗力からもさまざまな情報が得られる。先ほど述べた接触項からは、電子密度に関する情報が得られる。

原子核スピンの場合が、**核磁気共鳴**（NMR）である。これもまた、原子核の環境についての情報を与える。実際に画像診断に使われているのは、共鳴振動数の磁場を切った後のスピン運動の変化である。スピンがだんだんと倒れていったり、回転が不規則になっていって、熱平衡状態に近づく様子を観測する。これらは、周囲の環境、たとえば組織、水分、血流などに依存するので、それらの局所的な分布を調べることができる。身体の各部位について走査して調べ、コンピュータ処理により画像化して診断に利用するのがNMRCTである。図6-48に、脳の断面図の一例を示す。いろいろな方法で、脳脊髄液を白く出したり、黒く出したりして表現できる。

磁気共鳴は、物質の中の原子の位置や電子状態を調べる手段として、広く利用された。たとえば、ケイ素結晶にわずかに加えたリン原子では、価電子の一つが共有結合に参加せず、ゆるく束縛された状態にある。この状態の電子スピンとリンの原子核およびケイ素の同位体^{29}Siの原子核とのフェルミ接触相互作用の様子は、電子スピン共鳴に対する核スピン共鳴電波の影響によって調べられた。その様子から、原子核の位置における電子の波動関数の絶対値の2乗が分かった。

磁気共鳴の理論は、久保亮五と富田和久によって集大成された。久保はこの理論を発展させて、誘電率、磁化率、

第 6 章 磁石とは何だろうか

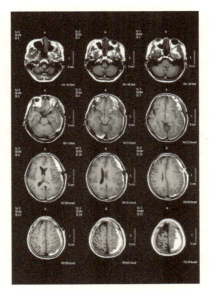

図 6-48 NMRCT の例（頭部 MRI 画像、写真：アールクリエイション／アフロ）

電気伝導率など、外からの電磁場に比例した物質の熱平衡近くでの応答を記述する一般公式を導いた。

((第 **7** 章))
磁束密度線の運動が電気を作り出す

> ファラデーは多数の実験から、運動・電気・磁気の三者の連関を導き出した。ファラデーの閃きは、"磁束密度線と導体との相対的な運動が、起電力を生み出す"という統一的な法則を編み出したことにある。彼の書き残した『研究日誌』を基に、天才の努力の跡をたどろう。

7.1 磁気から電気を作る

磁気と電気との相互作用

エールステッドやアンペールの研究によって、電気の流れである電流が磁気を作り出すことが分かった。それならば、その逆、すなわち磁気から電気を作り出すことができるのではないか、と多くの人々が考え始めた。

その背景には、19世紀の物理学のめざましい発展がある。もっぱら力学とその応用に限られていた物理学のフロンティアは、急速に拡大しつつあった。そして、たとえば電流の発熱があれば、熱による発電(熱起電力)があるというように、何か二つのものが関連しあっていれば、相互的に効果がある例が出てきた。もともと力学では、力は作用・反作用の法則が示すように相互作用によるものである。物理学の大きなフロンティアである電気と磁気につい

ても、作用は相互的なはずである。

エールステッドの実験は、電流が作る磁場が、磁石を回転させるものであった。アンペールは、電流の間の力を調べ、さらに、電流から電流を作ろうと試みた。D. J. アラゴーは、電流を流したコイルの中に、あらかじめ磁化していない鉄針を置くと磁石になることを示した。

ファラデーの初期の試み

ファラデーの上司デーヴィーも、電流の磁気作用を研究した。電流の近くの紙の上に置いた鉄片が、電流の流れている導線に吸いつけられる。電流を切ると、鉄片は落ちる。電流が鉄片を磁化することを報告している。

1821年のある日、W. H. ウォラストンがデーヴィーの所で、磁石の近くで電流の流れている針金がそれ自身の軸のまわりを回転するという実験を試みたが失敗した。それを聞いた当時は助手のファラデーは、工夫して、電流を流した針金が少し傾いて磁石のまわりを回転する実験を行った（図7-1）。また磁石が電流の流れている針金のまわりを回転することを発見し、論文を書いた。このとき、ウォラストンのことを引用しなかったので、デーヴィーに叱られた。とにかく、これをきっか

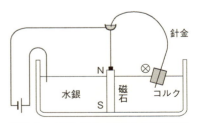

図7-1 水銀に浮かべたコルクに電流を流した針金を通し、磁石のまわりを回転させるファラデーの実験

けにして、ファラデーが電気と磁気との関係について考え始めた。

磁気から電気を得ようとする最初の試みは、1824年に行われた。ファラデーの報告は下記のとおりであった。

電流が流れている針金に強い磁石の極を近づけたならば、針金の他の部分に何か反作用が現れないかと試みたが、その作用は認められなかった。

アンペールの研究により、閉じた電流回路は磁石と等価であることが分かった。そこで、1825年には、電流を流した針金の近くに別の銅線を置いて、さまざまな実験を行った。

① 直線電流のすぐ近くに別の直線銅線を置き、検流計につなぐ。
② らせん形に巻いた導線に電流を流し、この中に直線の銅線を入れて検流計につなぐ。
③ 直線電流の上へコイルを置いて検流計につなぐ。

いずれの場合にも、検流計に作用がなかった。

1828年には"きれいな銅線でリングを作り、ねじれ秤になるように吊るす。強い棒磁石の極をリングの中に差し込む。別の磁石をリングの近くに持ってくる。白金や銀のリングを使ってみる。いずれもなんの作用もない"と報告している。

ファラデーは、丹念にいろいろな場合について研究している。電磁石の開発や検流計が、研究において重要な役割を担いつつあった。しかし、当時は定常的な電流や力の発生を期待していたのだが、成功しなかったのである。

アラゴーの円板回転

このころの研究で、唯一後にも意味を持ったのは、アラゴーの円板の実験（1824年）である。図7-2のように、水平な銅の円板の上に、棒磁石を水平になるように吊る。銅板を鉛直な軸のまわりに回転させると、棒磁石もそれにつれて回転する。逆に棒磁石を回転させると、円板も回転する。

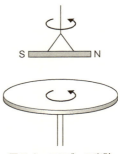

図7-2 アラゴーの実験

この実験は、人々の関心を呼び、磁気的な作用によるという説もあった。しかし、銅は磁石にはくっつかないから、別のメカニズムがあるはずである。電流が磁気を生む現象の対になるのは、磁流が電気を生む現象である。単独の磁荷が発見されていないので、磁流は作れない。しかし、磁石が回転すれば、磁極が回転し、二つの磁流がある！

この現象の説明は、ファラデーの電磁誘導の発見を待たねばならなかった。

7.2 電磁誘導の発見

電磁誘導は、1831年8月29日に、ファラデーによって発見された。ファラデーは、自分が行った実験の詳しい記録を残している。現在、公刊されている『研究日誌』の根幹部分は、まさにこの日から書き始められている（図7-3）。以下、その記録を基に紹介していこう。なお『研究日誌』のその部分には、項目ごとに通し番号が振られている。その最後は、16,041（1866年3月6日）に及ぶ。

以下、適宜『研究日誌』の記述を引用していく。*Faraday's Diary*（G. Bell and Sons, 1932）を底本として

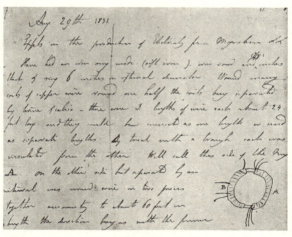

図7-3 ファラデーの『研究日誌』の一部〈*Faraday's Diary*（G. Bell and Sons, 1932）より〉。1831年8月29日の日付が見える

第 7 章　磁束密度線の運動が電気を作り出す

おり、訳文は私訳による。

コイル間の電磁誘導

1. 磁気から電気を作り出す実験。

2. 軟鉄の環を作る。環の厚さは7/8インチ、外直径は6インチである。この環の半分により糸とキャラコで絶縁して、銅線を何回もコイルに巻いた。コイルは1本が24フィートのものが三つあり、つないで1本にも使えるし、別々にも使えるようにしてある。電池とつないでみて、コイルが互いに絶縁されていることを確かめた。環のこの側をAと名づける。少し間隔を置いてこれと反対側に、2本のコイルを合わせて60フィートの長さだけ巻く。巻く向きはAコイルと同じである。こちら側をBコイルと名づける（図7-4）。

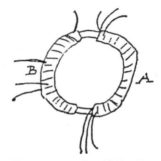

図7-4 ファラデーが実験に用いたコイル

3. 4インチ四方の極板10対の電池を充電する。B側のコイルを1本につなぎ、両端を銅線につなぐ。銅線は遠く（鉄環から3フィート）離れた磁針の上を通るようにしてある。Aコイルのうちの一つの両端を電池につなぐ。とたんに磁針に作用が感じられた。磁針は振動して、最後には元の位置に落ち着く。Aコイルとの接続を

191

切ったときにも磁針は作用を受ける。

　4．A側のコイルをまとめて全部へ電流を流す。磁針への影響は、前よりもずっと大きい。

こうして、次のことが分かった。

> Aコイルの電流が流れ始めたり、電流が切れて流れなくなったりする短い時間の間だけ、Bコイルに電流が流れる

　B側の外側の銅線をコイルにして、磁針への感度を上げるなどさまざまな試みをして、ファラデーは結論する。

　14．〈前略〉したがって、Bからの銅線には永続的あるいは特別な状態は生じない。A側の接続をつないだり切ったりする瞬間に引き起こされる電気の波による効果が現れるだけである。

　Aコイルをつなぐときと切るときとでは、Bコイルに流れる電流の向きが逆になることも確かめた。
　ほとんどの人が定常的な効果を予想していた中で、オン・オフの瞬間だけの効果を見逃さなかったのは、ファラデーの鋭い観察眼によるものであった。技術的には、コイルを何回も巻き、鉄環を利用してAコイルとBコイルとの結合を強くしたことが大きい。急速に発展しつつあった電

磁石の技術を巧みに取り入れたのは、王立研究所ならではのことだった。ファラデーの関心が、原理から応用まで広かったことも分かる。

この後彼は、銅線を鉄線に変えたり、鉄環でなく木の棒や紙筒にコイルを巻いたり、さまざまな実験をして、この現象が装置の材質によらず、普遍的なものであることを確かめている。普遍的な本質を求めて綿密に実験を行うこの態度は、ファラデーの研究のすぐれた特徴の一つである。

磁石による電磁誘導

9月24日には、次の実験を行った（〈…〉は引用者注）。

33. 鉄の円柱（直径7/8インチ、長さ4インチ）に長さ14フィートのコイルを四つ巻き、つないで一つにする。コイルの両端は離れた指示コイルに銅線でつなぐ。二つの棒磁石をN極とS極とを一端で接続させてくさび形にして、鉄棒を他の二つの極の間に置く（図7-5）。NまたはS極における〈鉄棒との〉磁気的接触がつながったり切れたりするたびに、指示コイルに磁気的作用が現れる。この効果も以前のものと同様に永続的ではなく、瞬間的に押されたり引かれたりするだけであ

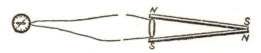

図7-5 ファラデーが実験に用いた磁石と鉄棒

る。電気の通路（銅線）を切っておくと、なんの作用も現れない。だから、ここでは磁気の電気への転換が起こっていることは、はっきりしている。

二つの棒磁石と鉄棒とを接触させて組み合わせると、磁場はほとんど磁石と鉄棒の中に閉じ込められて、磁束密度線はそこを一周することは知られていた。これを、**磁気回路**という。鉄棒と磁石の接触をオン・オフすることにより、「磁流」が流れたり消えたりして、そのときに鉄棒に巻いたコイルに電流が流れたり消えたりするとファラデーは考えていたのかもしれない。

磁石の運動による電磁誘導

ここまでの実験では、コイルや磁石はすべて固定されていた。磁石を動かす実験は、10月17日に行われた。

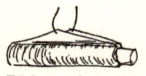

図 7-6 ファラデーのコイルと棒磁石の実験

57．8本のコイルのそれぞれの端を束ねて置く。この束ねた両端を長い銅線で検流計につなぐ。直径3/4インチ、長さ8.5インチの円柱棒磁石の一端をコイルの円筒の一端にちょうど入りかけるようにしておいてから、全部を一気に突っ込む（図7-6）。検流計の針が動く。次に引き抜くと針は逆向きに動く。この現象は、磁石を入れたり出したりするたびに繰り返される。電気の波は、磁

石がその場所に作り出されなくても、接近するだけで引き起こされる。

最後の一文は、電磁石や鉄棒の場合には、コイルの中に磁場を作り出したのだが、そうでなくても磁石が近づく程度の変化で電流が流れるという点を、強調したものである。

さらに詳しい実験をするために、ファラデーは、王立協会が持っている強力な複合磁石を借りた。これは、長さ15インチ、幅1インチ、厚さ0.5インチの棒磁石450本を束ねたものである。これを使って、弱い磁石ではできなかった実験を、たくさん行った。たとえば、次のような実験である。

87. コイルまたは円筒を磁石に触れないようにしながら、磁石に向かって動かしても磁石から遠ざかるように動かしても、検流計に作用が認められた。

アラゴーの円板の実験の検証

前節で紹介したアラゴーの円板の実験を解明するために、ファラデーは図7-7のような装置を作った。大きな磁石の両極に接触して水平に延びている鉄棒の磁化によって、磁場を狭い領域に集中させる。ここに円板の端の部分を挿入する。円板の縁は水銀合金にして電気的接触を良くしておき、これと摺り合わせるように導子を置き、それを検流計につないで円板から流れ出る電流を調べる。円板が静止していれば、電流はもちろん流れない。

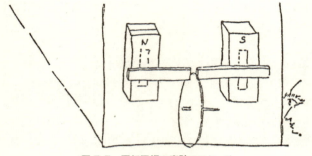

図7-7 回転円板の実験のスケッチ

103. 二つの導子を磁極から等距離の場所に配置し、円板を上げて端が磁極の中央部に来るようにする（図7-8）。円板を回転させると検流計に作用が現れ、磁針のS極が東へ動いた。円板の回転の向きを逆にすると、S極は西へ動いた。

104. 〈前略〉この効果は非常にはっきりしており、電流は時間的に一定である。

こうして、ついに磁気から定常電流を得ることに成功した。これは、直流発電機である。この後、ファラデーは導子の位置や配置を変えるなどいろいろな実験を行った後で、大きな飛躍をする。

116. これらのことから、導子は二つなくとも一つでよいのではないかと思われる。また、集中した"仮想

的な等分された渦"の効果は、あったとしてもそれほど決定的とは思われない。そこで、検流計の上部コイルからやってきた銅線を、円板のもっとも中立的な場所であるところの真鍮製の回転軸へ巻きつけた。銅線のもう一方の端は円板の縁と摺り合わせた一つの導子につけた。

117. 円板を左から右へ（図7-8のように）回転させ導子を磁極の間に置くと、検流計のS極は西へ動いた。導子を磁極の右側へ置いても、左側へ置いても、力は弱まるがS極は西へ動く。導子を磁極からかなり離しても、S極は西へ動く。

円板の中を流れる電流は、明らかに中心と円周上の端子との間に流れている。103の実験で、AとBの間に電流が流れたのは、中心とAとの間に流れる電流と、中心とBとの間に流れる電流が等しくなかったので、その差が現れたのだと考えられる。

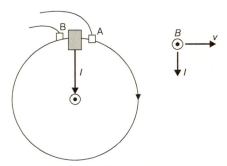

図7-8 回転円板の実験の模式図

導体の運動と電磁誘導

アラゴーの円板の本質的な点は、磁極の間を直角に横切る導体の運動であるらしいことが分かった。この点を確かめるために、ファラデーはもっと状況を簡単化した実験を、11月4日に行った。

137. もっと簡単な実験を金属板で行う。金属板を上から見下ろしていると考え、S極が板の上方、N極が板の下方にあるようにする（図7-9。注：図7-8と同じ配置になるように原文の配置と逆にした。電流の向きもこれに応じて逆にした）。幅1と1/2インチ、長さ12インチ、厚さ1/5インチの銅板を、磁極の間を→の方向に通過させる（図7-9）。導子として鉛を磁極の中間に板の両端に接するように置く。検流計のS極は東へ動いた。

138. 板を動かす向きを逆にすると、S極は西へ動い

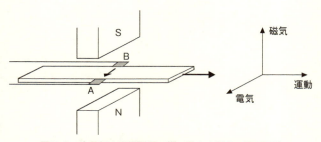

図7-9 金属板を磁極の間で横へ動かす場合の電磁誘導

た。これらの効果は、かなり大きく、はっきりと見分けられる。

142. 導子を板の長い方向の両端に付けて、長辺に沿って板を磁極の間を動かす。どちら向きに動かしても、検流計に何の作用もない。

この実験により、電磁誘導によって発生する電流の向きがはっきりと分かった。実験142により、電流の方向は、導体の運動方向に対して垂直である。さらに、137、138により、図7-9の配置では、導体板の中をBからAへ向かって流れることも分かった。円板の場合も、銅線の一方の端を中心軸につないでおけば導体板と全く同じであって、図7-8では円周上の点から半径に沿って、中心へと流れる。以上から、磁場、導体の運動方向、電流の方向は互いに垂直で、図7-10のような関係にある。すなわち、

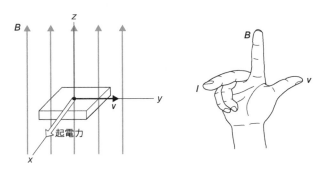

図7-10 磁場、導体の運動、起電力の方向の関係

> 導体の運動方向から磁場の方向へと回した右ネジが進む方向に電流が流れる

　これを右手の親指、人指し指、中指にあてはめたものを、**フレミングの右手の法則**という。

　アラゴーの実験に戻ると、図7-8で中心に向かう電流が作る磁場は、紙面の手前では左向き、奥では右向きである。この磁場が磁極に及ぼす力は、両極共に右向きで、磁石を円板と同じ向きに回転させるように働く。こうして、円板の回転に伴って磁石が同じ向きに回転することは説明された。

　ファラデーは、ここまでの研究成果をまとめて、第1論文を書いた。この論文は、1831年11月24日の王立協会の会合で、当時の習慣に従って読まれたのち、王立協会が発行する学術雑誌『王立協会哲学会報』に掲載された。自然科学ではなく、自然哲学という呼び名が使われていた。なお、王立協会の「王立」は王立研究所の「王立」と同じ意味である。この団体は、自然哲学に関心を持つ人々の情報交換の場として17世紀に作られ、学会の役割を担った。後には、フランスなどでは国立である「科学アカデミー」のような役割も果たした。

地磁気の中での電磁誘導

　続いてファラデーは、地球の磁場の中での電磁誘導を調べた。

軟鉄の棒にコイルを巻いたものを、地球の磁場の中でさまざまな方向に動かした。その結果、地球の磁場は磁石が作る磁場と全く同じ効果を示すことが明らかになった。これは、今日では当たり前のことだが、当時は新しい現象が発見されるたびにいちいち確かめていったのである。続いて軟鉄芯を除き、コイルだけを地球の磁場に対して垂直に置き、それを180度回転すると、弱いけれども確かに電流が流れることを確認した。

　さらに、銅の円板を水平面内で回転させることにより、先に述べたように定常電流を得た。これは新型の起電機だとして、強力な電流を得る工夫について少し述べた後、次のように言う。

　しかし私は、このようなすでに得られた力をもっと強くすることよりも、電磁誘導に関連した新しい現象や関係を発見することを望むようになった。前者が今後完全な発展を遂げていくだろうということは、もう確実だ。

　地磁気の中での現象について、ファラデーが疑問に思ったことの一つは、地球の自転の効果である。地磁気は、地球とともに自転しているのだろうか？
　一つの実験として、ケンジントン宮殿の池の中に、銅板と銅線よりなる回路を作って、検流計の振れを調べた。接触などの影響もあったが、それらを取り除くと、電流は流れない。しかし、この場合は、回路も地球と共に自転している。

次にテムズ川にかかるウォータールー橋の欄干に沿って960フィートの銅線を張り、両端に銅板を付けて川の中に沈めた。水と銅線で作った回路の途中に検流計を入れ、川の水の流れによる電流が流れるかどうかを調べた。結果はあいまいだったが、ファラデーは水の流れにより電流が流れることを確信していた。地球の自転によって、地表には赤道から北極や南極へ向かう電流があるはずだ。両極に集まった電気が、放電して大気中を赤道へ戻るときにオーロラが生じるのではないだろうか。

ファラデーは、大きな視野を持って自然を眺めた。

7.3 電磁誘導の法則

実験結果のまとめ

前節で述べたように、電磁誘導によって電流が流れるには、さまざまな場合がある。それらをまとめておこう。

① Aコイルに電流が流れ始めたり、流れなくなったりするときに、Bコイルに電流が流れる（日誌3）。
② コイルの近くの鉄棒が磁石になったり磁石でなくなったりするときに、コイルに電流が流れる（日誌33）。
③ コイルの近くで磁石を動かすときに、コイルに電流が流れる（日誌57）。
④ 磁石の近くでコイルを動かすときに、コイルに電流が流れる（日誌87）。

⑤　磁極の間で導体円板を回転させたり（日誌103〜117）、金属板を動かしたり（日誌137〜138）するときに、電流が流れる。

　この④から⑤は磁石に対してコイルが相対的に運動する場合であるが、別の電流コイル（Aコイル）に対してBコイルが相対的に動くときにも電流が流れる。さらに、地磁気に対して相対的に運動する場合にも電流が流れる。

　さて、これらの多彩な電磁誘導の基本法則は何であろうか。ファラデーは第1論文で次のように言う。

　電磁誘導による電流の発生を支配する法則は、表現はややこしいが、とても簡単である。〈中略〉針金が磁力線を切断する場合に、針金の中を電流が流れる。

　歴史的には、ここで磁力線（magnetic curves）という言葉が初めて登場した。本書では、すでに第6章でおなじみのものである。ファラデーは、"小さな磁針がその曲線の接線方向を向くような曲線"という説明を付け加えている。第6章の図6-6などで紹介したような磁力線のパターンは、1850年代になって日誌に貼り付けたものだが、すでにこのころからファラデーは、磁力線の生き生きとしたイメージを持ちながら、研究をしていた。
　磁力線を使ってファラデーは第1論文で誘導電流の向きを次のように述べている。

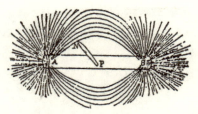

図7-11 電磁誘導の法則についてのファラデーの説明図

磁石の近くを動く金属中に励起される電流の向きは、磁気作用の合成あるいは磁力線と金属との関係に依存する。分かりやすく言えば次のようになる。図7-11のABは円柱磁石、AはN極、BはS極とする。PNは銀製のナイフの刃で、刃の縁を上にし、記号または爪かけのある縁をA極に向け磁石上に置くものとする。このナイフを刃先を先に立てて動かす。N極のまわりでもS極のまわりでも、Aから出ている磁力線は刃の爪かけのない側で切っていくようであれば、電流はPからNへ流れる。磁力線を切る側は同じにして、背の方を先に立てて動かすとNからPへ流れる。

ファラデーは、これが分かりやすいと思って書いたのだが、むしろ図7-10のようにまとめた方が分かりやすい。すなわち、

第7章 磁束密度線の運動が電気を作り出す

> 電磁誘導による電流の方向は、磁力線と導体の運動の方向の両方に対して垂直である。その向きは、運動の向きから磁力線の向きに右ネジを回したときにネジが進む向きである

ベクトル積を使えば、

電流(I) = (電荷(q))(運動(v) × 磁束密度(B))　　(7.1)

である。

　電流のまわりの磁力線を導体が横切るときも、同じである。磁石が動く場合には、磁力線もそれにつれて動き、それが導体を横切るときに誘導電流が発生すると考えればよい。電流が流れているコイルが動く場合も、同様に考える。このように、導体が磁力線に対して相対運動するときには、磁力線が横切ることにより電流が誘導される。
　では、ファラデーの最初の実験①の場合は、どう考えるのか。ファラデーの説明を聞こう。〈…〉は筆者の注である。

　Aコイルに電流が流される。このような場合には、磁力線自身が動いていって（こういう表現が許されるならば）考えている銅線（Bコイルの）を横切ると考えねばならない。この運動は磁力線が広がり始める瞬間から、磁気作用が最大値に達するまで続く。磁力線はあたかも

〈Aコイルの〉銅線から外側へと広がっていくので、誘導電流を考える固定された〈Bコイルの〉銅線に対する関係は、〈Bコイルの〉銅線が逆向きに磁力線を横切って電流を流している〈Aコイルの〉銅線の方へ動くのと同じことである。そこで、〈Bコイルに〉誘導された最初の電流の向きは、〈コイルの〉主電流の向きと逆である。〈Aコイルと〉電池との接続を断てば、磁力線は縮んで減少しつつある〈Aコイルの〉電流の方へと戻っていく。したがって、〈Bコイルの〉銅線を逆向きに横切り、最初とは逆向きの電流を誘導する。普通の磁石を使った実験〈②〉においても、磁石を作ったときには同様な前進展開運動が生じたものと考えられ、銅線を一方向に動かしたときと同じような効果が生じるのである。磁石を消滅させれば、銅線を逆向きに動かすことにあたっている。

このように、磁力線とその運動によって、電磁誘導の法則が捉えられた。運動、磁気、電気の三者の方向が、互いに垂直であるという関係は、ファラデーの心を深く捉えた。このことから、ファラデーはもう一つの効果を推察していた。それについては、第8章で述べよう。

ローレンツの磁気力と電磁誘導

電磁誘導の諸現象の中で、磁場の中を導体が動く場合は、6.4節で述べたローレンツの磁気力によって説明できる。導体の中にはプラスとマイナスの電荷がある。これら

の電荷は、導体の運動に伴って、導体と同じ速度で磁場の中を運動する。

図7-12（a）のように、磁束密度線に垂直に置かれた導体の棒が、磁束密度線と棒の両方に対して垂直に速度vで動くとしよう。このとき、ローレンツの磁気力F_Lは、電荷qvBである。その向きは、電荷qの符号がプラスかマイ

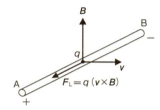

（a）ローレンツの磁気力により電荷が両端にたまる

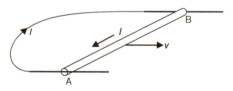

（b）両端をつなぐと電流が流れる

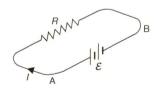

（c）起電力εの電池と同じ働きをする

図7-12 磁力線を横切って動く導体の電磁誘導

ナスかによって、逆向きとなる。すなわち、プラスとマイナスの電荷を棒に沿って引き離すように働く。金属のように、マイナスの電荷を持った電子が自由に動ける場合は、電子は図のAからBの向きへ力を受け、その結果棒の一端Aにはプラス、他端Bにはマイナスの電荷が溜まる。AとBとを、図7-12（b）のように別の導体と摺り合わせ、それらに導線をつないで閉じた回路を作ると、電流が流れる。すなわち、図7-12（c）に示すように、磁束密度線に垂直に運動する導体棒は、電池と同じ働きをする。この電池の起電力は、ローレンツの磁気力が単位時間あたりにAからBまで電荷を運ぶ仕事が$IvBb$（Iは電流、bはABの距離）であるから、

$$導体棒の誘導起電力(\mathcal{E}) = -vBb \tag{7.2}$$

となる。符号マイナスの意味は、図7-12（c）の向きに電流を流すということである。

⚡ ファラデーの法則

次に、導体で作った長方形の回路が磁束密度線に垂直に動く場合を考えよう（図7-13）。図のように長辺ABとCDとが垂直方向に速度vで動き、短辺BCとDAは速度に平行であるとしよう。このとき回路ABCDの向きに生じる起電力は式（7.2）から、辺ABでは、$\mathcal{E}_{AB} = -vB_A b$である。$B_A$は、ABでの磁束密度である。辺CDでは、同様に$+vB_B b$である。したがって、

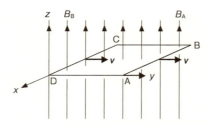

図7-13 閉曲線回路における電磁誘導の起電力

$$回路ABCDの起電力(\mathcal{E}) = -(B_A - B_B)vb \quad (7.3)$$

となる。したがって、磁束密度が一様でない場合にのみ、正味の起電力が発生する。ファラデーがケンジントン宮殿の池で行った地磁気による電磁誘導の実験で電流が流れなかったのは、地磁気の磁束密度が一様であったからである。

辺ABを横切って磁束密度線B_Aが入り込み、辺CDを横切って磁束密度線B_Bが出ていく。vbは辺ABとCDとの移動による単位時間当たりの長方形の面積の増減の時間率である。したがって、磁束密度が一様でない場合は、式(7.3)の左辺は、長方形ABCDを貫く磁束Φの時間変化率にマイナスをつけたものである。すなわち、

> 電磁誘導の法則は
> $$\text{電磁誘導起電力}(\mathcal{E}) = -\frac{d\varPhi}{dt} \quad (7.4)$$
> となる。これを**ファラデーの法則**という

任意の形をした回路は、小さい長方形の回路の集合で置き換えられるので、式 (7.4) は一般の回路について成り立つ。また、導線が変形して回路の形や面積が異なるような場合についても成り立つ。

一様な磁場の中でも、回路を図7-14 (a) のように回転させると、誘導起電力が発生する。たとえば、回路が角速度ωで回転すると、$\varPhi = BS \cos(\omega t)$ である(Sは回路の面積)から、角振動数ωの起電力が発生する。これが、**交流発電の原理**である。

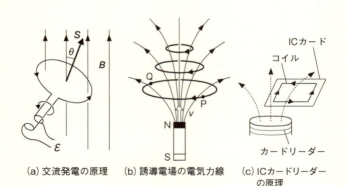

(a) 交流発電の原理　(b) 誘導電場の電気力線　(c) ICカードリーダーの原理

図7-14 電磁誘導の原理と応用

回路が静止していて、磁束密度線が運動する場合にも、式（7.4）は成り立つ。それは、磁束密度線の速度vと同じ速度で運動する座標系に移って見れば、磁束密度線は静止して、回路が動く場合と同じになるからである。しかし、回路が静止している元の座標系では、ローレンツの磁気力は働かない。そこで、この場合の起電力は、磁束密度線の運動によって生じた電場によるものと考えざるを得ない。この電場は、静電気以来考えてきた電荷を源とする電場とは別種のものである。たとえば、磁石の運動による誘導電場の電気力線は、図7-14（b）のように、閉曲線となる。誘導起電力の値は、回路に沿って電場の接線成分を一周積分したものである。また、回路を貫く磁束は、回路を縁とする面について、磁束密度の法線成分B_nを積分して求められる。以上のことから、

> 最も一般的な電磁誘導の法則は、次の式で表わされる
> $$\int d\boldsymbol{s} \cdot \boldsymbol{E} = -\frac{d\varPhi}{dt} = -\frac{d}{dt}\int dS\, B_n \qquad (7.5)$$

磁束密度線の運動による電場$(E) = -v \times B$ 　　　(7.6)

　電荷が作る電場については、閉曲線に沿っての一周積分は0であった。一方、電磁誘導による電場は、電荷を源としないから、閉曲面を貫く電気力線の総和は常に0である。ガウスの法則には影響しない。こうして、電場についても、電荷を源とする電場と磁束密度線の運動による電場

との2種類があることが分かった。

⚡ 非接触ICカード

交通乗車券や電子マネーに広く利用されているICカードの多くは、非接触型である。カードリーダーにタッチしなくても近づけるだけで使用できる。カードケースや財布に入れたままでもよい。ただし、リーダーがピピッと反応するまで、電子マネーでは1秒ほど待たねばならない。

これには、電磁誘導がフルに利用されている〈図7-14 (c)〉。まず、リーダーからは電波が出ていて、その近く10 cmほどの領域に磁場が作られている。カードの中には、渦巻き状のコイルを印刷したフイルムがあり、近づけると電磁誘導により電流が流れる。この電流によってIC回路を充電する。電池は入っていないが、IC回路が動作して、記録の読み出しや操作が行われる。一方、コイルに流れる電流によって、反磁場が作られる。この電波がリーダーに到達すると、カードとリーダーが結合されたことが確認され、リーダーがピピッと鳴る。そうして、カードとリーダーの間にデータの交信がなされる。

🪐 7.4 自己誘導

⚡ ヘンリーの発見

電磁誘導現象のほとんどは、ファラデーによって発見された。しかし、回路を流れる電流が変動するという重要な

場合に、自分自身の縁を貫く磁束を変化させることによる電磁誘導現象を発見したのは、アメリカの物理学者J.ヘンリー（図7-15）であった。1830年ごろ、つまりファラデーの実験よりも前のことであった。

図7-15 J.ヘンリー

当時のアメリカは独立して間もない新興国であった。自然科学をはじめ学問は、やっと始まったばかりである。しかし、先端分野である電磁気については、フランクリンなどの研究がすでにあった。

ヘンリーは、はじめ生計を立てるため時計工になったが、後に自然科学に興味を持つようになり、ニューヨーク州のオールバニーアカデミーの教授になった。彼は電磁石の改良を試みているうちに、コイルに電流を流す電池とコイルとの接続を切るときに、大きな火花が飛ぶことを発見した。電池は小さくて、コイルではない導線をつないでも、電気ショックを受けないし、火花も飛ばない程度のものであった。ヘンリーは、自分では説明できず、論文にしなかった。1832年にファラデーの研究を知り、自分の発見した現象が、電流の切断に伴う誘導現象であったことを悟り、論文を発表した。

ファラデーも、1834年に、ヘンリーの研究は知らないまま、同じような実験を行った。後にヘンリーがイギリスにやって来たとき、何人かの学者が熱電対を使って火花を

飛ばす実験を試みた。ヘンリーだけが、軟鉄に長い針金を巻いたコイルを使って実験し、成功した。ファラデーはこれを見て子供のように喜んで跳び上がり、「ヤンキーの実験、万歳！」と叫んだそうだ。

自己誘導と相互誘導

電流回路C_Aに電流I_Aが流れると閉曲線状の磁束密度線ができるが、それは源となる回路自身を囲んでいるから、回路を縁とする面を貫いている（図7-16）。その磁束Φ_Aは、回路の電流I_Aに比例し、$\Phi_A = L_{AA} I_A$と書ける。したがって、回路C_Aには、ファラデーの法則により、誘導起電力

$$\mathcal{E}_A = -\frac{d\Phi_A}{dt} = -L_{AA}\frac{dI_A}{dt} \tag{7.7}$$

が発生する。

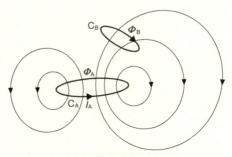

図7-16 相互誘導と自己誘導

これを**自己誘導**といい、係数L_{AA}を**自己インダクタンス**という。インダクタンスの単位には、ヘンリーの名前が使われ、記号はHである。式（7.7）のマイナス符号は、電流I_Aの変動を妨げる向きに誘導起電力が発生することを示している。一般に、電磁気現象では、ある物理量が変化しようとすると、その変化を妨げて元へ戻す向きに別の物理量が変化する。これを**レンツの法則**という。

　電流I_Aが作る磁束密度線は、離れたところにある電流回路C_Bを縁とする面をも貫く（図7-16）。その磁束$\varPhi_B$もまた電流I_Aに比例し、$\varPhi_B = L_{BA} I_A$と表わされる。電流回路C_Bに生じる誘導起電力は、

$$\mathcal{E}_B = -\frac{d\varPhi_B}{dt} = -L_{BA}\frac{dI_A}{dt} \tag{7.8}$$

となる。これは、ファラデーが最初に発見した電磁誘導のケースであるが、二つの電流回路の間の**相互誘導**といい、係数L_{BA}を**相互インダクタンス**という。相互誘導はもちろん相互的であって、電流回路C_Bに流れる電流の変動によって電流回路C_Aに誘導起電力が生じる。このときの相互インダクタンスをL_{AB}とすると、$L_{AB} = L_{BA}$という関係が成り立つ。

　ファラデーの最初の実験のように、軟鉄芯にA、Bと二つのコイルを巻いて、コイルAに交流の電流I_Aを流した場合、磁束密度線は鉄芯の中に閉じ込められた円となる（図7-17）。コイルAの巻き数をN_Aとすると、磁束密度は、$B = \mu N_A I_A$、磁束はBS（Sは鉄芯の断面積）となる。

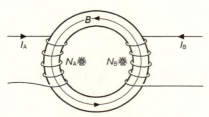

図 7-17 鉄芯環にコイルを巻きつけた系

この磁束は、コイルAをN_A回貫くので、自己インダクタンスは$L_{AA}=\dfrac{\mu S N_A^2}{b}$となる。コイルBの巻き数が$N_B$ならば、相互インダクタンスは$L_{BA}=\dfrac{\mu S N_A N_B}{b}$となる。コイルBに電流を流した場合を考えれば、$L_{AB}=L_{BA}$が成り立つのは、容易に分かるだろう。

コイルAに電流を流したときに、コイルに生じる誘導起電力の比は、

$$\frac{\mathcal{E}_B}{\mathcal{E}_A}=\frac{L_{BA}}{L_{AA}}=\frac{N_B}{N_A} \tag{7.9}$$

となる。これによってコイルの交流電圧を、巻き数の比で変えることができる。これが、**変圧器**の原理である。

7.5 電流のエネルギー

回路電流のエネルギー

回路に電流を流し始めると、自己誘導起電力が発生し、

その向きは電流を減少させる方向であった。そこで、自己誘導起電力に逆らって電流を流すには電池をつないでエネルギーを供給しなければならない。

電池の起電力を$\mathcal{E}_e$、回路の電気抵抗をRとすると、自己誘導起電力を含めて、電流Iについての式は

$$\mathcal{E}_e - L\frac{dI}{dt} = RI \tag{7.10}$$

となる。短い時間Δtの間には、$I\Delta t$の電荷が電池を通過する。このとき、電池から供給されるエネルギーは、$\mathcal{E}_e I \Delta t$である。右辺の$RI^2\Delta t$は、ジュール熱である。式（7.10）の自己誘導起電力の項を右辺に移項して、

$$LI\Delta I = \Delta\left(\frac{1}{2}LI^2\right) \tag{7.11}$$

となる。これから、電池から供給されたエネルギーの一部が、次式の電流のエネルギーになることが分かる。

$$\text{電流のエネルギー}(E_I) = \frac{1}{2}LI^2 \tag{7.12}$$

回路に電流Iが流れている状態は、流れていない状態に比べてE_Iだけエネルギーが高い。電池をつなぐと最終的には直流の電流$I_D = \dfrac{\mathcal{E}_e}{R}$が流れるが、その状態は、$\dfrac{1}{2}LI_D^2$のエネルギーを持っている。

電池を外して導線をつなげば、電流は減少してやがて0

となる。このときには、電流のエネルギーはジュール熱となって散逸する。しかし、この過程は瞬間的ではなく、有限の時間がかかる。式（7.10）から、電池の起電力の項を外せば、

$$-L\frac{\mathrm{d}I}{\mathrm{d}t} = RI \tag{7.13}$$

となる。この式は、コンデンサーの放電を考えたときの式（4.4）と同じ形をしている。したがって、その解も式（4.5）と同じ形、

$$I = I_\mathrm{D} \exp\left(-\frac{R}{L}t\right) \tag{7.14}$$

となる。すなわち、これも緩和現象の一種であって、$\frac{L}{R}$程度の時間が経つと、電流はかなり小さくなる。

今の場合は、電流Iを速度vに対応させると、速度に比例する抵抗力を受ける物体の運動によく似ている。電気抵抗は空気抵抗に対応し、自己インダクタンスLは物体の慣性質量Mに対応する。電流のエネルギーは、物体の運動エネルギーに対応している。このように、自己誘導起電力は、電流の"慣性"を表わすものである。

発展コラム　超伝導コイルに電流を流す

　超伝導コイルに電流を流すにはどうするのだろうか？　普通の電池は超伝導体ではないから、それを使うわけにはいかない。

一般に、コイルを貫く磁束Φとコイルを流れる電流Iとの間には、

$$-\frac{d\Phi}{dt}=RI \tag{7.15}$$

という関係が成り立つ。超伝導コイルでは、$R=0$であるから、磁束Φは一定である。磁束には、外部から加えられる磁束Φ_eとコイルの電流による磁束LIとがある。そこで、超伝導コイルでは、

全磁束（Φ）＝外部磁束（Φ_e）＋LI＝一定 (7.16)

となる。

超伝導コイルに電流を流すには、図7-18（a）のように、超伝導転移よりは高い温度でコイルを外部磁場の中に置き、温度を下げてからコイルを外部磁場のないところへ取り出せばよい。するとコイルに囲まれた全磁束が一定になるように、コイルに電流が流れる〈図7-18（b）〉。超伝導体の中では、$B=0$であるから、コイルに流れる電流は、内部ではなく、表面にのみ流れる。

磁束は超伝導体を通り抜けることができない。したがって、超伝導

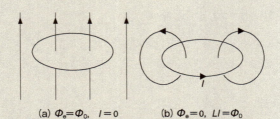

(a) $\Phi_e=\Phi_0$, $I=0$ (b) $\Phi_e=0$, $LI=\Phi_0$

図7-18 超伝導コイル。(a) の磁場から超伝導コイルを取り出すと、(b) のように永久電流が流れる

> コイルに捕らえられた磁束は一定である。さらに、その値は、$\frac{h}{2e}$ (h はプランク定数、e は電子の素電荷) の整数倍に限られる。すなわち、磁束は量子化される。これは、超伝導体全体が、マクロなスケールの量子状態にあることを示している。
>
> 超伝導体は、電気抵抗が0なので、大きな電流を損失なく流し続けることができる。発電や送電の電線は検討段階である。超伝導コイルによる電流エネルギーの貯蔵も考えられている。また、超伝導体の中に磁束が入れないことは、磁気浮上やそれを利用したリニアモーターカーに使われている。超伝導体に捕らえられた磁束の量子化は、情報記録や処理、また計測技術に利用されている。

外部磁場がない状態から、外部磁場をかけると、式 (7.16) の一定値は0であるから、コイルには電流 $I=\frac{\Phi_{\mathrm{e}}}{L}$ が流れる。この電流の作る磁気モーメントは、外部磁場とは逆の向きを向いている。すなわち、反磁性である。アンペールの分子電流、今日では原子・分子の中の電子の運動には電気抵抗はないと考えられるから、これが物質に普遍的な反磁性の機構である。

磁場のエネルギー密度

ソレノイドの場合に自己インダクタンス $L=\frac{\mu N^2 S}{b}$ を使って電流のエネルギーを表わすと、次のようになる。

$$E_\mathrm{I} = \frac{1}{2} \frac{\mu N^2 S}{b} I^2 \tag{7.17}$$

このエネルギーは、電池によって電流に供給されたもの

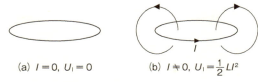

(a) $I = 0$, $U_l = 0$ (b) $I \neq 0$, $U_l = \frac{1}{2}LI^2$

図7-19 電流のエネルギー

であるが、電流が流れるにつれて作られた磁場が担っていると考えてよい（図7-19）。コンデンサーを充電したときのエネルギーが、作られた電場によって担われていると考えられるのと同じである。

磁場 $H = \dfrac{NI}{b}$ であるから、式（7.17）は、$E_l = \dfrac{1}{2}\mu H^2 bS$ と書き換えられる。bS はソレノイドの体積であるから、磁場のエネルギー密度は、次のようになる。

$$\text{磁場のエネルギー密度}(u_m) = \frac{1}{2}\mu H^2 = \frac{1}{2}\frac{B^2}{\mu} \quad (7.18)$$

ソレノイド以外でも、磁力線や磁束密度線はこのエネルギー密度で、空間の中にエネルギーをもって分布していることがより詳しい理論によって証明されている。

第 8 章
空間を飛び回る力線の波
——マクスウェル方程式と電磁波

> ファラデーにいたるまでの電磁気学の成果は、ついに"マクスウェル方程式"に統合され、電気と磁気の力線が絡み合った運動が"電磁波"として伝わることが予言される。電磁波＝光をめぐる物理学の発展は、現代物理の二本柱、相対性理論と量子論を確立することとなった。

8.1 電束密度線の運動による磁場

ファラデーの宿題

ファラデーは、電磁誘導の研究と並行して、電気の運動から磁気を作り出す可能性も調べた。アラゴーの実験では、銅円板の上に磁石を水平に吊るし、銅円板の回転に伴って磁石が回転する。その電気版として、絶縁体の柱や絶縁したライデン瓶を水平に吊るして両端をプラス、マイナスに帯電させる。円板を回転させたが、帯電体は回転しなかった。ファラデーのころは、強誘電体は未発見だった。

電磁誘導の基本法則は第7章で述べたように、磁束密度線 B がそれに垂直な速度 v で運動するときに、両者に垂直な方向 $-v \times B$ に、電場 E が誘導される。この、磁場・運動・電場が互いに垂直であるという関係からは、電気の垂

直な運動によって、磁場が生じることが予想される。ファラデーの試みを『研究日誌』(1832年)で見てみよう。

399. 非常に繊細な、非常に弱い磁針を作った。もう一つの細い針を取り、両方を導体の端近くで動かした。針の方向と運動の方向は互いに直角になるようにした。導体に小さな起電機をつなぎ、帯電させた。この方法では、磁石を作ることはできなかった。

400. 次に、ライデン瓶のノブを導体の近くに置き、針を両者の間を通過させたが、磁気の兆候は認められなかった。

しかし、ファラデーは言う。

401. 二つの逆符号に帯電した導体の間の力の線または方向を、磁力線になぞらえて電気力線(electric curves)と呼んでもよかろう。電気力線は、電流が流れている導線のなかにも存在しないだろうか。

402. 電気、磁気、運動の相互関係は互いに垂直な3本の線で表わされるであろう。そのうちの1本が三つの量のうちのどれかの方向を表わし、他の線は他の量の方向を表わす。すると、電気の方向がある線の方向に、運動が別の線の方向にあるとすれば、磁気が第3の方向に生じるであろう。電気がある方向、磁気が別の方向ならば、運動は第3の方向となろう。磁気の方向が最初に指定されているならば、運動が電気を生み出し電気が運

動を生み出すであろう。運動が最初に与えられていれば、磁気が電気を、電気が磁気を生み出すであろう。

これらの組み合わせの中で、ほとんどの場合は、電流が作る磁場、磁場の中のローレンツ磁気力、電磁誘導というように、実現されている。残る組み合わせ、すなわち電気に対する運動による磁気の発生もあるに違いない。しかし、ファラデーはこの宿題に解答しないまま終わった。後にマクスウェルはファラデーのアイデアを数学によって表現する中で、変位電流という項をアンペールの法則の電流に付け加えて、解決を与えた。そうして、この項から電場と磁場の波、すなわち電磁波の存在を予言した。

しかし、変位電流は、真空中の電場に"変位"を結びつけるもので、実体的には理解しがたい。本書では、筆者の考えにより、電束密度線の運動による説明を試みる。

磁電誘導

磁束密度線の運動により電場が誘導される電磁誘導と対になる現象は、電束密度線の運動による磁場の誘導である。これを**磁電誘導**と呼ぼう。ファラデーは、電磁誘導を最初はmagneto-electric inductionと呼び、後になってelectro-magnetic inductionと呼ぶようになったという。

磁電誘導というと新奇な現象のようだが、実は電流によって磁場が作られるのは、電束密度線の運動に伴って磁場が生じるからだと考えられる。電流は電荷の流れである。電荷qが速度vで運動すると、それにつれて電荷を源とす

る電束密度線もまた運動すると考えよう。

一例として、z軸に沿った直線電流の中では、電荷qがz方向の速度vで運動している（図8-1）。電荷qを源とする電束密度線Dは、四方八方に広がる直線群となることは、第5章で述べ

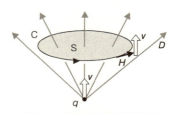

図 8-1 電束の変化と誘導磁場

た。それらの電束密度線が、一斉に速度vでz方向に運動している。例えば、x軸上の点Pでは、$v \times D$の方向、すなわちy方向の磁場が誘導される。xy面内の他の点を考えれば、磁力線はz軸の周りの円となる。すなわち、

電束密度線が運動すると、周囲に磁場が誘導される

電束密度線の運動による磁場 $(H) = v \times D$ (8.1)

z軸上の各点からの寄与を集めると、アンペールの法則で求めたように、$H = \dfrac{I}{2\pi r}$となる。

一般に、位置r'にある電流Iが流れている線分Δsには、電荷qがあり、速さ$v = \dfrac{I}{q}$でΔsの方向に運動している。位置rにおける電束密度の運動から、磁場は

$$\Delta H = \frac{I \Delta s \times (r - r')}{|r - r'|^3} \tag{8.2}$$

となる。これを、**ビオ-サバールの法則**という。

⚡ アンペール‐マクスウェルの法則

電磁誘導のファラデーの法則は、ある閉曲線Cに沿っての誘導電場の積分が、Cを横切って出入りする磁束密度線の総数、すなわちCを縁とする面を貫く磁束Φの変化率にマイナス符号をつけたものであった。磁電誘導の法則についても同様に、誘導磁場Hの閉曲線Cに沿っての積分が、Cを横切って出入りする電束密度線の総数であるとして表わされる。

ただし、この値は、Cを縁とする面を貫く電束Ψ（プサイ）$= \int dS\, D_n$の変化率そのものではない。というのは、磁気と違って電気では可動電荷があり、それが面を通過するときに電束が変化するからである。電荷が面のすぐ下にある場合には、電荷から出る電束の$\frac{1}{2}$が面を上向きに貫いている（図8-2）。面を通過して面のすぐ上に来ると、電束の$\frac{1}{2}$が下向きに面を貫く。すなわち、電荷qが下から上へ面を通過すると、面を貫く電束は$-q$だけ変化する。したがって、短い時間Δtの間に電束密度線がCを出入りするこ

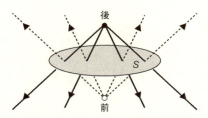

図 8-2 電荷が面を通り抜ける前（破線）と後（実線）で面を貫く電束は変わる

とによる電束の変化は、全電束の変化$\Delta\Psi$から、電荷の通過による部分$-qv\Delta t=-I\Delta t$を差し引いたものとなる。こうして、電束密度線の運動による誘導磁場の法則は、次のようになる。

$$\oint d\mathbf{s}\cdot\mathbf{H}=\frac{\Delta\Psi}{\Delta t}+I \tag{8.3}$$

これを、**アンペール-マクスウェルの法則**という

一般に、電流が空間の中を連続的に分布している場合には、電流密度iで表わし、面を貫く全電流を$I=\int dSi_n$と書く。この部分を**伝導電流**という。縁の閉曲線Cが固定されている場合には、全電束Ψの変化は、電束密度$\mathbf{D}$の時間偏微分で与えられる。

$$\frac{\partial D}{\partial t}=\varepsilon_0\frac{\partial E}{\partial t}+\frac{\partial P}{\partial t} \tag{8.4}$$

である。このうちで、$\frac{\partial P}{\partial t}$の項は、電気分極を構成している電荷(イオン、電子、原子核)のミクロな運動によるもので、**分極電流**という。右辺第1項は、次節で述べる歴史的な経緯で、**変位電流**と呼ばれている。

> **数学メモ 偏微分**
>
> 関数$f(x)$の微分の定義を思い出そう。変数xの値がΔxだけ変化したときの関数値の変化分を$\Delta f=f(x+\Delta x)-f(x)$

とし、その変化率 $\frac{\Delta f}{\Delta x}$ の $\Delta x \to 0$ としたときの極限値を微分といい、記号 $\frac{df}{dx}$ で表わすのであった。

電磁気に登場する電束密度 D などの物理量は、一般には座標とともに時間 t の関数 $D(x, t)$ である。その変化は、変数 x, t の変化による。その中で、ある特定の変数、例えば t だけを Δt 変化させたときの変化分 δD とその変化率 $\frac{\delta D}{\delta t}$ を考える。その $\delta t \to 0$ の極限を偏微分という。すなわち、ある変数だけを変化させたときの微分である。英語では "partial differential"（部分的な微分）という。偏微分は、記号 $\frac{\partial D}{\partial t}$ で表わす。

⚡ 電荷の保存則との関係

電流が定常な場合には、電束密度は一定であるから、式 (8.3) は、アンペールの法則に他ならない。これに対して、電流が非定常な場合には、空間の中に電荷が溜まり、変動するので、マクスウェルによる拡張が必要である。

例として、直線電流の中間に平行平板コンデンサーが挿入された系を考えよう（図8-3）。この場合、コンデンサーの極板には $\pm Q$ の電荷が溜まり、$\frac{dQ}{dt} = I$ である。それにより、極板の間には、$D = \frac{Q}{S}$（S は極板の面積）の電束密度線が生じる。直線電流を取り囲む閉曲線を C として、それに沿って磁場 H を一周積分する。C を縁とする面 S_1 を電流が貫く場所に選べば、その積分値は I だから、アンペールの法則が成り立つ。しかし、別の曲面 S_2 を、図のようにコンデンサーの極板の間を通るように選ぶと、アンペー

第8章 空間を飛び回る力線の波——マクスウェル方程式と電磁波

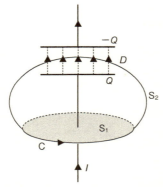

図 8-3 Cを縁とする二つの曲面 S_1 と S_2

ルの法則では0となってしまう。しかし、式（8.3）の法則では、$\dfrac{dD}{dt}S = \dfrac{dQ}{dt} = I$ であるから、面S_1を選んだ場合と変わりはない。

一般に、二つの面S_1とS_2についてのD_nの面積分の差を考えよう。面S_2についての法線方向は、式（8.3）では、Cに沿って回した右ネジの進む向きであった。これを逆にしたものが、面S_1とS_2とを合わせた閉曲面の外向き法線方向である。したがって、

$$\int dS\, D_n(S_1) - \int dS\, D_n(S_2) = Q \tag{8.5}$$

となる。Qは閉曲面に包まれた全可動電荷である。一方、電流密度の面積分の差は、$\int dS\, i_n(S_1) - \int dS\, i_n(S_2)$ で、閉

曲面から出ていく全電流Iである。電荷の保存則により、二つの項は常に打ち消しあう。すなわち、アンペール-マクスウェルの法則は、電荷の保存則と合致している。このことをマクスウェルによる拡張の根拠とする説明がなされることが多いが、その議論は逆立ちしている。

8.2 マクスウェル方程式への道

マクスウェル登場

図 8-4 J. C. マクスウェル

ファラデーが電気力線や磁力線を使って直観的に示した電磁気の法則を、数学的に整備し、いくつかの方程式にまとめ上げたのは、J. C. マクスウェル（図8-4）である。

マクスウェルは、スコットランドの地主の子として生まれ、15歳のときには卵形線の描き方について論文を発表した大英才である。ファラデーとは違って、エジンバラ、ケンブリッジの二つの大学で教育を受けた。

マクスウェルは、色彩論、土星の環の運動、気体分子運動論など、多彩な分野で業績を残した。電磁気学への興味は、ケンブリッジ大学の学生であったころ、W. トムソン教授にファラデーの論文集『電気実験学研究』を読むように勧められたことに始まる。マクスウェルは、

> ファラデーが現象を考える方法が、普通の数学的記号で表わされてはいないけれども、数学的であることを悟った。それらの方法を数学的形式で表わせるし、専門的数学者の方法と比較することができると感じた。

と述べ、これを実行したのである。

当時、アンペール、ウェーバー、ノイマンなどのヨーロッパ大陸の物理学者たちは、微小な電荷、磁気双極子、電流素片や分子電流の間に遠達力が働くとして、電磁気現象を力学的に説明しようと試みていた。これは、ニュートン力学をお手本として電磁気現象の力学を作ろうとするもので、**電気力学**と呼ばれた。一方、ファラデーは、近接作用による力の伝達による説明という立場を取り、磁力線、電気分極線、電気力線による説明を試み続けた。しかし、それらは数学的な表現が与えられていなかったこともあり、支持が得られなかった。

マクスウェルは、まず"ファラデーの力線について"という論文により、電気力線や磁力線をベクトルの場と定義して、四つの法則にまとめた。これらの法則の表わす四つの方程式を**マスクウェル方程式**という。最初の二つは、ガウスの法則である。

> 第1の法則：電束密度 D と可動電荷 Q の関係式は、
> $$\int dS\, D_n = Q \tag{8.6}$$
> 第2の法則：可動磁荷がないから、磁束密度についての式は、
> $$\int dS\, B_n = 0 \tag{8.7}$$

ここまでは、力線については流体力学の流線のイメージによって、議論を進めた。

力線の動力学模型

次にマクスウェルは、力線の動力学に移った。これは、電流による磁場、電磁誘導、磁電誘導など時間的に変動する電磁現象を扱うものである。第2論文は"物理的力線について"である。「物理的」とは数理的アナロジーではなく、物理的実体のある模型を考えるということである。

マクスウェルの力学模型を図8-5に示す。まず、磁束密度線は、その周りに流体が回転している渦糸で表わす。図8-5には、六角形のセルが描いてあるが、その中の流体が反時計回りに回る渦を＋で表わし、このとき磁束密度線は紙面に垂直に

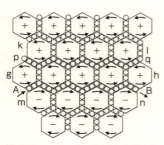

図 8-5 マクスウェルの電磁場のからくり仕掛け

手前を向いているとする。－は逆向きを表わす(原図に重大な誤記があるので、修正した)。同じ向きの渦、例えばghとklとが直接に触れ合うと、互いに弱め合い、消えてしまう。それを防ぐからくりとして、渦の間の層pqに小円で表わした遊び歯車のようなものを配置する。すると歯車と渦とは逆向きに回り、隣接した渦同士は同じ向きに回る。これが一様な静磁場である。渦の速度に対応するものは、今の電磁気学では**ベクトルポテンシャル**と呼ばれている量Aで、閉曲線Cとそれを縁とする面について

$$\oint d\bm{s} \cdot A = \int dS\, B_n = \Phi \tag{8.8}$$

が成り立つ。

では、磁場が一様でない場合はどうか。図8-5のようにghの渦とmnの渦との回転の向きが逆であれば、AからBに到る経路の歯車には両者から右向きの力が働き、右向きの流れが生じる。歯車が電荷を持つとすれば、電流が流れる。逆に電流ABはその両側に互いに逆向きの磁場を作る。ghに生じた＋渦(磁場)は、pqに左向きの流れ(電流)を誘導し、それがklに＋…＋の渦(磁場)を作る。

こうして磁場が広がっていくときに、磁束密度線とその運動方向の両方に垂直な方向に電流が流れる。

> **第3の法則（電磁誘導のファラデーの法則）：**
> $$\oint d\mathbf{s} \cdot \mathbf{E} = -\frac{d}{dt}\int d\mathbf{S}\, B_n \tag{8.9}$$

　マクスウェルはさらに、静電場の場合について、ファラデーのいう電気力線の応力について考えた。ABの歯車に流れがなくても、平衡の位置から右向きに変位しているとする。すると、gh、mnのセルは、引きずられて少し歪むだろう。この変形のエネルギーが電場のエネルギーに当る。また、セルから歯車に働く力が、力線の応力である。

　ところで、歯車の変位が時間とともに大きくなる場合には、それによってセルに渦が誘導される。その様子は、先に述べた電流による場合と同じである。そこで変位の時間微分を変位電流と呼ぶことにした。すなわち、"変位"とは、この動力学模型の中での歯車の変位のことである。第5章で誘電体の電気分極の伝達について述べたように、誘電体では変位は電気分極をもたらす。その時間変化は、ミクロな電流となる。さらに分極の伝播には、真空を通るチャネルがあった。これを反映して変位電流には、電場Eの時間変化による項がある。以上から、固定した閉曲線Cについて、第4の式が導かれる。

第8章 空間を飛び回る力線の波——マクスウェル方程式と電磁波

> **第4の法則（磁電誘導のアンペール-マクスウェルの法則）：**
> $$\oint d\mathbf{s} \cdot \mathbf{H} = \int dS \left(\frac{\partial D_n}{\partial t} + i_n \right) \quad (8.10)$$

以上で、電磁場の基本法則は出そろった。しかし、マクスウェルは

> 模型は数学的な関係を導き出すための手段でした。現象の証明としてではなく、想像を助けるためにからくりを利用したのです。

と言った。からくり仕掛けを捨てて、直接電磁場を対象としてその動力学を論じる第3論文、さらに著書を書いた。そのときの手本となったのは、力学の一般理論である解析力学であった。

発展コラム　E、D、H、B

こうやって出そろったマクスウェル方程式、(8.6)、(8.7)、(8.9)、(8.10)を眺めると、電気についてはEとD、磁気についてはHとBと、それぞれ2種類の場が登場する。もっと簡単にできないのだろうか？

真空中では、$D = \varepsilon_0 E$、$B = \mu_0 H$である。電場は、電荷によるものと、電磁誘導によるものとがある。前者は電位ϕから、後者はベクトルポテンシャルAから、導くことができる。磁場はスピンと電流に

よる。スピノール空間を使えば、スピンもそこでの"電流"と表わせる。磁極と電流による2種類の磁場は、電流が作る磁束密度を考えればよい。これは、ベクトルポテンシャル A から導くことができる。

こうして、真空中の3次元ベクトルポテンシャル A に、$\frac{\phi}{c}$ を第4成分として加えた4元電磁ポテンシャル $(A, \frac{\phi}{c})$ が、点電荷と電流によって作られるとすれば、必要十分である。これが、現在の素粒子論の標準理論である。そこから出発して、すべての電磁気現象を説明することは、原理的には可能である。しかし、それを実行した教科書は、見たことがない。

例えば、磁気の出発点である永久磁石を説明するのに、本書でも大変苦労した。これを純粋に基本原理からやろうとすれば、本書の数倍の道のりが必要であろう。たいていの人は、途中で投げ出している。そうして、高校では B だけを教えればよく、磁石のことなどは後日勉強すればよいと言う人すらいる。磁石の磁極や磁力線の図は、今は小学校の中学年の教科書にもある。それの本当の意味を教えなくては、理科教育は完結しないのではないか。

このように、マクスウェルもまた物理的実体のイメージに頼って基本法則を導いたのである。本書では、ファラデーのイメージに即して力線の運動が別の場を誘導するとして、導いた。このことは、8.5節で見るように、電場と磁場の相対性によるものであって、マクスウェルのからくりとは違い、捨てる必要はない。

第8章 空間を飛び回る力線の波──マクスウェル方程式と電磁波

8.3 電気力線と磁力線の結合振動と伝播

電磁振動

図8-6のように、コンデンサーとコイルよりなる回路を考えよう。コンデンサーの極板の間で電束密度のゆらぎΔDがあり、それにより電位差のゆらぎΔVが生じたとしよう。このと

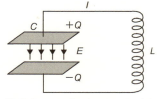

図 8-6 コンデンサーとコイルよりなる回路

き、極板には電荷ゆらぎ$\Delta Q = C\Delta V$が生じ、それはコイルを通る電流のゆらぎΔIと$\frac{\Delta Q}{\Delta t} = -\Delta I$の関係にある。電流のゆらぎはコイルを通る磁束密度線のゆらぎにより、誘導起電力$\Delta \mathcal{E} = -L\frac{\Delta I}{\Delta t}$を作る。その向きは、最初のゆらぎ$\Delta V$を打ち消す向きである。こうしてゆらぎは振動する。

最初に、$\Delta V = A \sin(\omega t)$であったとする。$\Delta Q = CA \sin(\omega t)$である。電流は$\Delta I = -\omega CA \cos(\omega t)$、誘導起電力は$\Delta \mathcal{E} = -\omega^2 LCA \sin(\omega t)$となる。$\Delta V + \Delta \mathcal{E} = 0$ならば、ゆらぎは成長も消滅もせずに、定常振動をする。これを回路の**電磁振動**という。その**固有角振動数**ω_0は、

$$\omega_0 = \frac{1}{\sqrt{CL}} \tag{8.11}$$

である。回路の電気抵抗を考慮すると、振動はやがて減衰

していく。この点については、たいていの電磁気学の教科書に述べてあるので、参照されたい。

電磁回路は、固有角振動数ω_0の電磁場に対して、共鳴的に反応して、強く吸収する。また、固有角振動数の電磁的振動を、周囲の空間に誘起することができる。このように、この回路は、電磁振動の検出器として、また発振器として使われる。あからさまにコンデンサーやコイルがなくても、間隙があるループ状の導線は、両端の間に電気容量を持ち、またループには自己インダクタンスがあるので、検出や発振の機能を持つ。このことは、次節で述べるヘルツの実験で大いに活用されている。

電磁振動が起きているときに、コンデンサーのエネルギーは$\frac{(\Delta Q)^2}{2C}$であって、そのエネルギーは極板の近くの電場が担うと考えられる。コイルのエネルギーは、$\frac{L(\Delta I)^2}{2}$で、コイルの磁場のエネルギーと考えられる。このように電磁振動は、質量mの質点が力の定数kのバネにつながれた系の単振動と同様なものである。運動の慣性を表わす質量mには自己インダクタンスLが、力の定数kには電気容量係数の項$\frac{1}{C}$が、それぞれ対応している。

1次コイルと2次コイルのシリーズ

次に図8-7のように、ファラデーが最初に電磁誘導を発見したときに使った、軟鉄の芯のリングに1次コイルと2次コイルをすべて右向きに巻いたものを横に並べて、あるリングの2次コイルを隣のリングの1次コイルとつなぎ合

第8章 空間を飛び回る力線の波——マクスウェル方程式と電磁波

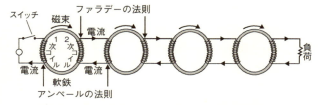

図 8-7 アンペールの法則とファラデーの法則の結合する系

わせたシリーズを考えよう。

左端のリング1の1次コイルに、右回りの電流ゆらぎ ΔI_{11} があると、アンペールの法則により、リング1に時計回りの磁束 $\Delta \Phi_1$ を作る。2次コイルには、誘導起電力 $\Delta \mathcal{E}_{12} = -L_{21}\dfrac{\Delta I_{11}}{\Delta t}$ が発生する。これにより、左回りの電流 ΔI_{12} が2次コイルに誘導され、その電流により2番目のリングの1次コイルの電流 ΔI_{21} となる。2番目のリングには反時計回りの磁束 $\Delta \Phi_2$ が生じる。2番目のリングの2次コイルには、右回りの電流 ΔI_{22} が流れる。それは3番目のリングの1次コイルの右向きの電流となる。その後は、最初に戻って、同じようなことを繰り返す。

こうして、コイルの電流が次々と伝わっていく。また、リングを貫く磁束も伝わっていく。しかし、電流や磁束の向きは一定ではなく、交互に逆向きである。さらに、コイルを流れ始めた電流は、自己誘導起電力によって逆向きへと変動する。先ほどの電磁回路で、コイルの自己インダクタンスは質量に相当する働きをした。今の系では、あるリングの2次コイルと右隣のリングの1次コイルは導線で結ばれ同じ電流が流れるので、まとめて一つの「質点」のよ

うなものと考えられる。その質量は、二つのコイルの自己インダクタンスの和である。それらがリングの磁束によって隣の「質点」と相互作用している。それは、ちょうど質点をバネでつないだ質点系のようなものである。質点系が振動して波が伝わるように、軟鉄リング＋（1次・2次コイル）の系でも、振動が起こり、波が伝わっていく。

電磁波

　電気力線や磁力線は、一般に空間の中に広がって分布している。電磁誘導や磁電誘導の法則を適用する閉曲線やそれを縁とする面は、コイルなどの実体のない場所でも考えることができる。そこで、図8-8のように、xy面内の長方形a, b, c, …の縁である閉曲線のシリーズと、zx面内の長方形p, q, r, …の縁である閉曲線のシリーズとを考える。

　まず、長方形pをx方向に貫く電束線が生じたとする。これにより、pの縁には左回りの磁力線が誘導される。この磁束は長方形aを$-z$方向に貫き、aの縁には右回りの電場が誘導される。それによる電束線は、長方形qを$-y$方向に貫き、qの縁には右回りの磁力線が誘導される。磁束線は長方形bをz方向に貫き、bの縁には左回りの電気力線が誘導される。次の長方形rを貫く電束線はy方向を向き、rの縁には左回りの磁力線が誘導される。これで最初に戻ったので、以下は繰り返しである。

　こうして、これらの長方形の面を貫くy方向の電気力線・電束線と、z方向の磁力線・磁束線は、向きを反転させながらx方向へと伝わっていく。

第8章 空間を飛び回る力線の波——マクスウェル方程式と電磁波

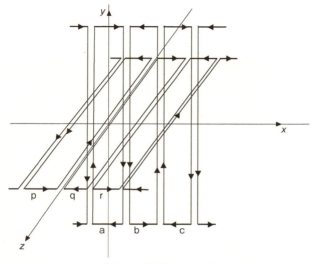

図 8-8 閉曲線のシリーズ

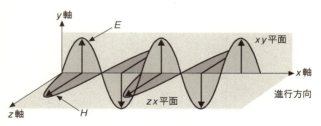

図 8-9 電磁波の伝播のモデル

　これは波である。長方形の中心に限らずに、電場E_yと磁場H_zの様子を表わしたのが、図8-9である。このような電場E_yと磁場H_zのパターンが、時間tが経つとx軸方向に

進んでいく。それを数学的に調べるには、sin関数を使い、次のような式で表わす。

> 電磁波の式
> $$E_y(x, t) = A\sin(kx-\omega t) \qquad (8.12)$$
> $$H_z(x, t) = B\sin(kx-\omega t) \qquad (8.13)$$

真空中では、電束密度は$D_y = \varepsilon_0 E_y$、磁束密度は$B_z = \mu_0 H_z$である。

AとB、kとωの関係は、電磁誘導と磁電誘導の法則から与えられる。$(kx-\omega t)$が小さい場合には、$\sin(kx-\omega t) \sim (kx-\omega t)$と近似できる。そこで、$xy$面内に図8-10 (a) のように、$x$軸に沿って長さ$2\Delta x$、$y$軸に沿って$b$の辺を持つ小さな長方形を考え、これに電磁誘導の法則を適用する。$\dfrac{\partial B_z}{\partial t} = \omega \mu_0 B$、$E_y = kA$であるから、

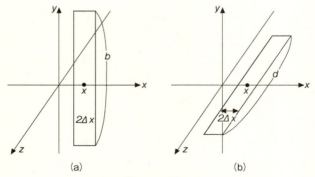

図8-10 電磁誘導と磁電誘導を考える長方形

$$\omega \mu_0 B = kA \tag{8.14}$$

となる。次に、図8-10(b)のように、x軸に沿って長さ$2\Delta x$、z軸に沿って長さdの辺を持つ小さな長方形について、磁電誘導の法則を適用する。$\dfrac{\partial D_y}{\partial t} = \omega \varepsilon_0 A$、$H_z = kB$であるから、

$$\omega \varepsilon_0 A = kB \tag{8.15}$$

となる。

式(8.14)、(8.15)を連立して解けば

$$\frac{\omega}{k} = \frac{1}{\sqrt{\varepsilon_0 \mu_0}} = c \tag{8.16}$$

となる。sin関数の変数は、$(kx - \omega t) = (k(x - ct))$と表わされる。$x - ct$が一定の値の所では、sin関数の値が一定であることから分かるように、cは**電磁波の伝播速度**である。これまで考えてきた真空中では、cの値は約3.0×10^8 m/s(30万 km/s)である。光の速度cは、国際単位系では基本量として定義されている(p. 260)。

この値は、空気中の光の速度の測定値にほぼ一致している。一様な媒質中での電磁波の伝播速度c'は、媒質の誘電率をε、透磁率をμとして、

媒質中での電磁波の伝播速度$(c') = \dfrac{1}{\sqrt{\varepsilon\mu}}$ (8.17)

となる。媒質の屈折率nは、

$$n = \sqrt{\dfrac{\varepsilon\mu}{\varepsilon_0\mu_0}}$$ (8.18)

である。
　また、電場と磁場との振幅比は、

$$\dfrac{磁場振幅(B)}{電場振幅(A)} = \sqrt{\dfrac{\varepsilon_0}{\mu_0}}$$ (8.19)

となる。
　電磁波のエネルギー密度は、電場のエネルギー密度$\dfrac{\varepsilon_0 E_y^2}{2}$と磁場のエネルギー密度$\dfrac{\mu_0 H_z^2}{2}$の和である。式 (8.19) によれば、電場エネルギー密度と磁場エネルギー密度は等しい。全エネルギー密度が速度cでx方向に運ばれる。その値は、少し計算すると、$S = E_y H_z$に等しいことが分かる。一般に、電磁波の運ぶエネルギーの流れは、

$$S = E \times H$$ (8.20)

と表わされる。Sを**ポインティングベクトル**という（図8-11）。さらに電磁波は、$\dfrac{S}{c}$で表わされる運動量の流れを持つ。
　電磁波は、電場Eと磁場Hとがたがいに垂直で、両方

に垂直な $E \times H$ の方向に伝わる横波である。横波には独立な方向が二つある。これまでその中の一つとして、E が y 方向、H が z 方向を向く波について考えてきた。もう一つの組み合わせは、E が $-z$ 方向、H が y 方向を向くものである〈図8-12(a)(b)〉。これらを、**直線偏光**という。

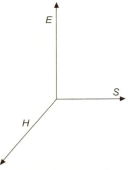

図8-11 ポインティングベクトル

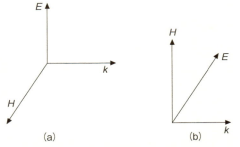

図8-12 二つの直線偏光の電磁波モード

8.4 電磁波の観測

光の波

光の本性は、粒子の流れであるという説と、波であると

いう説とが、昔からあった。19世紀に入って、T. ヤングが光の干渉の実験によって、光は空間の中を波として伝わることを示した。偏光現象はそれ以前から知られていて、光の波は進行方向に垂直な振動が伝わっていく横波である。ファラデーは、これは電気力線や磁力線の振動であろうと考え、マクスウェルの理論はその予想を裏付けた。

光の速度については、まず17世紀にデンマークの天文学者O. レーマーが、木星の衛星の周期が季節によって異なって見えることから、約2.1×10^8 m/sであると推定した。またイギリスのJ. ブラッドリーは、恒星からの光が地球の運動によって傾いて見える光行差から、約3.1×10^8 m/sであるとした。

地上で初めて光の速度を観測したのは、フランスのA. H. L. フィゾーである。彼は1849年、回転する歯車を通過した光が、鏡で反射されて戻ってきて再び歯車を通過する様子から、光速度を求め、$c = 3.133 \times 10^8$ m/sとした。その翌年、同じくフランスのJ. B. L. フーコーは、回転する鏡からの反射を利用して、$c = 2.98 \times 10^8$ m/sを得た。彼はまた、水中の光速度は空気中の光速度を屈折率$n = 1.33$で割った値になり、真空中よりも遅くなることを示した。この結果は、光が波であるという説と一致する。

前節で述べたマクスウェルの理論の電磁波の速度は、真空中では3×10^8 m/sで、実測値にほぼ一致する。これは、偶然とは思えない。しかし、当時は電磁気の理論では遠隔作用による電気力学が主流であり、また光の波は真空中でも存在する"エーテル"という媒質の運動によると考

第8章 空間を飛び回る力線の波——マクスウェル方程式と電磁波

えられていた。

⚡ ヘルツの電波

マクスウェルの理論を検証する実験を行ったのは、H. ヘルツ（図8-13）である。彼もファラデーと同じく、日記を残している〈以下、ヘルツの日記や講演の引用は、『電気革命』（新潮文庫、D. ボダニス著、吉田三知世訳）に基づく〉。それによると、ヘルツが電磁波について考え始めたのは

図8-13 H. ヘルツ

1884年で、まずマクスウェルの理論を勉強した。1885年から発電機の実験に着手した。

1887年の7月18日に、充電した大型蓄電器（コンデンサー）で火花を出す実験に取りかかる。9月7日に、高速な電気振動の研究を実験室で開始し、翌日に問題の核心に迫ることができた。彼は、図8-14（a）のような装置で電気振動を起こし、回路にある間隙で放電を観測した。そのときに、脇にある同様な構造の装置〈図8-14（b）〉でも間隙に火花が飛ぶことを観察した。これは、二つの装置の電気振動が、同じ振動数を持つことによる共振現象を利用したものである。後の講演で彼は次のように報告した。

　この火花は、1ミリの100分の1にも満たない微小なもので、本来なら顕微鏡を持ち出して見るべき大きさで

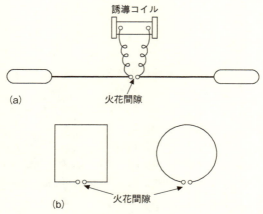

図 8-14 （a）ヘルツの振動子と（b）ヘルツの共振器

す。しかも、1秒の1000分の1ぐらいの時間しか持続しません。そんなものを見ようなんて、馬鹿げているとお思いでしょう。ですが、真っ暗な室内で実験を行い、その暗闇に十分目を慣らしておけば、この火花を見ることができます。

つまりヘルツはマクスウェルの理論を信頼して期待しながら実験を行ったのであって、幸運から偶然に発見をしたのではない。また、人間の眼の感度が非常に良いことが分かる。

その後彼は、長方形の一部に間隙がある探索コイルを、大講堂の中で最初の装置（発振器）に対してさまざまな配置に置いて実験を行った。それらの結果から、マクスウェ

ルの理論の電磁波が15 mの空間を伝わることを示した。この波は電波の一種で、当時はヘルツ波と呼ばれた。

1888年3月5日には、金属の遮蔽板による電波の影の形成について実験した。また3月を通して、

> 細心の注意をはらって実験を行い、……部屋の壁の直前で、奇妙なことに、波が強まっているように思えた……電波は反射するらしい（水分を含んで導体となっている壁の中には電波が入らない）……そして（入射波と反射波との干渉による）定在波（図8-15）を作る……。

と報告している。また、凹面鏡を使って、遠方まで反射波を到達させることも試み、成功した。

ヘルツは電磁波の実験を行っただけではなく、回路の間隙から電磁波が放射される様子の理論的計算を行った（1891年3月）。彼が計算した結果の一例を図8-16に示す。彼は、マクスウェルの理論を数学的に整備し、今普通の教

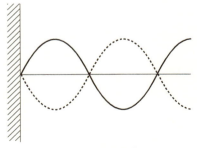

図8-15 定在波

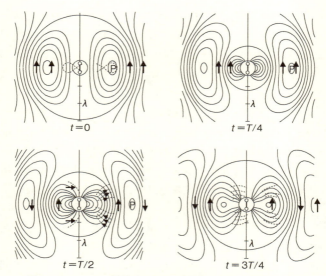

図 8-16 ヘルツの振動子のまわりの電気力線（T は振動の周期）

科書にあるようなベクトルの偏微分を使った形式にまとめ上げた。

マルコーニによる無線通信

ヘルツの実験に刺激されて、いろいろな人が電波の研究を始めた。中でもイタリアのG. マルコーニ（図8-17）は、導線をつながず電磁波を遠距離にわたって伝達できるかに興味を持った。彼はボ

図 8-17 G. マルコーニ

ローニャの近くの自分の家で、ヘルツの方法によって火花を使って電磁波を発生させ、900 mほどの距離で電信を伝えた。その後、共鳴を利用した受信装置を改良し、約14.4 kmにまで距離を伸ばした。さらにイギリスに行って、イングランド南部とアイルランドの間、約360 kmの実験に成功した（1901年）。ついには同年12月、イギリス南西端のポルデュとカナダのセント・ジョーンズの間3400 kmの大西洋横断通信を成し遂げた。このときは、高さ152 mの受信アンテナを凧で釣り上げた。しかし、雑音も多く疑問があったので、翌年イギリスから北米へ向かう船に乗り込み、毎日受信実験を行った。電気自動記録は約2500 km、耳では約3400 kmまで受信した。この遠距離通信は、地上60 kmあたりから数百kmにわたって存在する電離層（プラスマイナスのイオン気体）による反射があるので可能になった。夜の方が良く受信できたのが、その証拠である。ヘルツ波は、放射の波、ラジオ波と呼ばれるようになった。

8.5 電磁気と相対性理論

電磁場のパラドックス（1）

磁場の中を運動する電荷には、ローレンツの磁気力が働く。また、運動する磁束密度線は電場を生み、運動する電束密度線は磁場を生む。しかし、運動しているか否かは観測者による。ある観測者から見れば静止していても、その

人に対して運動している別の観測者から見れば運動していることになる。これに伴って電場や磁場が生じたり消えたりするのであれば、電場や磁場は観測者によって異なる値をとることになる。

観測者ごとに、観測者に対して静止している座標系を考える。そもそも、電荷が静止しているか運動しているかは、座標系に相対的である。電荷や電流を源とする電場や磁場は、座標系に対して相対的なのは当然である。この問題を一つのパラドックスについて考えてみよう。磁電誘導の根源という宿題にも答えよう。

ある座標系から見たときに、x軸上に電流Iが流れており、y座標がyの点Pに電荷qが静止していた〈図8-18(a)〉とする。この座標系を座標系Iとする。電場と磁場は

$$座標系 I \quad E = 0、B_z = \frac{\mu_0 I}{2\pi y} \tag{8.21}$$

である。電荷は静止しているから、力は働かない。

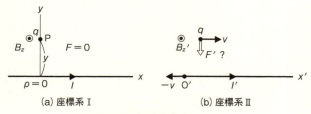

図8-18　電磁場のパラドックス

第8章 空間を飛び回る力線の波──マクスウェル方程式と電磁波

$$\text{座標系 I} \quad F = 0 \tag{8.22}$$

次に、座標系 I に対して、マイナス x 方向に速さ v で動く座標系 II を考える〈図8-18 (b)〉。この座標系でも、x 軸に沿って電流 I' が流れている（座標系 II から見た物理量を、$'$ を付けて表わす）。座標系 I から見た電流 I と、座標系 II から見た電流 I' とは、等しいかもしれないが、異なっていてもよいとして議論を進める。

電荷 q はミクロには荷電粒子の集まりだから、座標系によらない。しかし、座標系 II から見れば、電荷は x 方向に速度 v で運動しているから、ローレンツの磁気力が y 方向に働く。$F'_y = qvB' \neq 0$ となり、式 (8.22) とは異なる。これがパラドックスである。

このパラドックスは、電磁誘導の法則を考えると、解消される。座標系 I では静止していた磁束密度線は、座標系 II では x 方向に運動している。これによって座標系 II では、

$$\text{座標系 II} \quad E'_y = vB'_z, \quad B'_z = \frac{\mu_0 I'}{2\pi y'} \tag{8.23}$$

となり、ローレンツの磁気力を含めた力は

$$\text{座標系 II} \quad F'_y = q(E'_y - vB'_z) = 0 \tag{8.24}$$

となり、式 (8.22) と同じく力は働かない。

⚡ 電磁場のパラドックス(2)

　パラドックス(1)の解消は、しかし別のパラドックスを生む。座標系Ⅱでの電場の様子を考えよう。さっき考えた電場は、$y>0$の領域に点Pがあれば、$E'_y>0$であるが、$y<0$の領域では磁場の向きが逆転するので、$E'_y<0$となる。xy面以外についても調べてみると、電気力線はx軸に垂直で外側へ放射状に延びている。これは、x軸に沿って電荷が分布していることを示す。x軸を中心軸とする円筒の側面と切り口を覆うような二つの円板からなる閉曲面について電場のガウスの法則を考えると、電場の法線成分の積分値は、円筒の半径によらずに（$\mu_0 v I' \times x$軸に沿っての長さ）となる。これは、x軸上に線密度（$\mu_0 v I'$）の電荷があることを示す。座標系Ⅰでは中性だった導線が、座標系Ⅱでは帯電しているように見える。これが新しいパラドックスである。

図8-19 H. A. ローレンツ

　このパラドックスは、H. A. ローレンツ（図8-19）によって、次のように解消された。アインシュタインの相対性理論が作られる直前のことである。導線の中には、マイナスの電荷の電子とプラスの電荷のイオンとが分布している。座標系Ⅰでは電場が無いのだから、プラスとマイナスの電荷線密度は打ち消しあっている。座標系

Ⅱから見ても、電荷の総数は変わらない。しかし、電荷の間の間隔は、座標系Ⅰとは異なってもよいと考えるのである。

電荷の間の間隔が座標系によるのであれば、電荷の線密度もまた座標系による。そこで電荷の線密度を速度vの関数として、

$$\rho_i(v) = f(v)\,\rho_i(0) \tag{8.25}$$

と表わそう。プラスとマイナスの電荷を考え、それを区別する添え字をiとした。座標系Ⅰでは、プラス電荷のイオンは静止し、マイナスの電荷の電子が速さvでマイナスx方向に流れているとしよう〈図8-20（a）〉。プラスとマイナスの電荷は打ち消しあって中性である。すなわち、

$$\text{座標系Ⅰ} \quad \rho = \rho_+(0) - \rho_-(-v) = 0,$$
$$I = v\rho_- \tag{8.26}$$

である。座標系Ⅱでは、プラス電荷のイオンが流れ、マイナス電荷の電子は静止している〈図8-20(b)〉。すなわち、

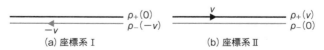

図8-20 座標系Ⅰ、Ⅱにおける正負電荷とその運動

座標系Ⅱ　$\rho' = \rho_+(v) - \rho_-(0)$、
$$I' = v\rho'_+ \tag{8.27}$$

である。電荷密度が速度に依存するとしたので、座標系Ⅰでは$\rho = 0$であっても、座標系Ⅱでは$\rho' = 0$とは限らない。

新しいパラドックスを解消するためには、ρ'が作る電場 $E'_y = \dfrac{\rho'}{2\pi\varepsilon_0 y}$ による電気力 qE'_y が、電流 I' が作る磁束密度 $B'_z = \dfrac{\mu_0 I'}{2\pi x}$ によるローレンツの磁気力 qvB'_z と打ち消し合うようにすればよい。そのためには、

$$\begin{aligned}\rho_+(v) - \rho_-(0) &= \varepsilon_0\mu_0 v^2 \rho_+(v) \\ &= \frac{v^2}{c^2}\rho_+(v)\end{aligned} \tag{8.28}$$

であればよい。ここで、$\rho_i(v) = f(v)\rho_i(0)$ と書き、速度の向きによらないと考えられるから、$f(v) = f(-v)$ とすれば、(8.24) 式と (8.25) 式から

$$f(v) = \frac{1}{\sqrt{1 - \dfrac{v^2}{c^2}}} \tag{8.29}$$

となる。

ローレンツ変換

以上のことは、

> 運動している電荷間の間隔が、静止している場合に比べて $\frac{1}{f} = \sqrt{1-\left(\frac{v}{c}\right)^2}$ 倍に縮小され、電荷線密度が f 倍になる

ことを示している。これを**ローレンツ短縮**という。結局、

$$\rho' = \frac{v^2}{c^2} f \rho_+(0), \quad I' = fI \tag{8.30}$$

となる。このように、電荷密度も電流も、座標系Ⅱでは座標系Ⅰと異なる。それに応じて電場や磁場も座標系によって異なる。

図8-18の場合を一般化すれば、電場と磁場との変換は、次の式で与えられる。

$$\boldsymbol{E}'_\perp = f \cdot (\boldsymbol{E}_\perp + \boldsymbol{v} \times \boldsymbol{B}_\perp), \quad \boldsymbol{E}'_{/\!/} = \boldsymbol{E}_{/\!/}$$
$$\boldsymbol{H}'_\perp = f \cdot (\boldsymbol{H}_\perp - \boldsymbol{v} \times \boldsymbol{D}_\perp), \quad \boldsymbol{H}'_{/\!/} = \boldsymbol{H}_{/\!/} \tag{8.31}$$

ここで添え字記号⊥と//とは、それぞれのベクトルの、速度ベクトルvについて垂直および平行な方向の部分を表わす。

式 (8.31) を**電磁場の変換則**という。式 (7.6) や式 (8.1) と見比べて、電場や磁場の垂直成分に因子fが掛けられていることは、座標系が変わるときに電気力線や磁力線の本数は変わらないが、空間密度がローレンツ短縮によ

って変わるとして直観的に理解できよう。

このように物理量の空間密度が一斉に変わることは、空間それ自体が変わることを示唆する。それによれば、x方向の運動によって座標系が変わるとき、空間座標と時間とは次の規則によって変換される。これを**ローレンツ変換**という。

$$x'=f \cdot (x-vt)、y'=y、z'=z、$$
$$t'=f \cdot \left(t-\frac{vx}{c^2}\right) \quad (8.32)$$

座標系が変わるときに、座標、時間、電場、磁場は式 (8.31)、(8.32) によって変換されるが、マクスウェルの方程式の形は変わらない。したがって、そこから導かれる光速度もまた変わらない。J. H. ポアンカレは、光速度の座標系による違いは観測できないとする、彼の相対性理論を発表した (1904年)。

特殊相対性理論

ローレンツ変換によって、パラドックスは解消された。しかし、A. アインシュタインは不満だった。それは、マクスウェル方程式が成り立つような座標系だけを特別あつかいしているからである。座標系Ⅰが慣性座標系であるとすると、座標系Ⅱも慣性座標系である。すべての慣性座標系は平等であるべきだ。

この問題を追究したアインシュタインは、1905年に"運

動物体の電気力学について"と題する論文を書いた。これが特殊相対性理論である。彼は、二つの原理を主張する。まず、さまざまな物理量の値は座標系に相対的であるが、基本法則は座標系によらずに成り立つべきである。これを、**相対性原理**という。次に、光速度は座標系によらずに一定であるとする。これを**光速度不変の原理**という。

> 相対性原理：基本法則は座標系によらない
> 光速度不変の原理：光速度は座標系によらない

ローレンツやポアンカレの理論では、光速度不変はマクスウェル方程式の不変性から導かれた。しかし、アインシュタインは座標系に相対的な空間と時間の記述を徹底的に分析するために、それを**原理**とした。

アインシュタインの議論を見ると、二つの座標系の連関を調べるには、何らかの通信手段が必要で、もっとも速い光がそれに使われるからその速度は不変であるとしたことが読み取れる。それによって、ローレンツ変換が導かれた。ローレンツ短縮は、ローレンツの理論では仮定であったが、相対性理論では導き出された結果である。アインシュタインの回想によれば、

> 私は子供が持つような空間、時間についての疑問を
> 大人になってから持ったので、
> 徹底的に考えることができたのです

とある。その際、電気力線や磁力線が空間の中を伝わっていって作用するというファラデーのイメージが、役に立ったという。

特殊相対性理論により、光速度cの値は座標系によらないことが確立された。そこで国際単位系では、光速度cを基本量として、その値は

$c = 2.99792458 \times 10^8$ m/s

であると定義した。時間の単位1 sは、別に基本単位量として定義した。長さは、1 s間に光が進む距離によって表わされる。実際、GPSによって位置を測定するときは、静止衛星から出た電波の到達時間により衛星との距離を測定している。

相対性理論によって、点Oにある電荷や電流などの源が、点Pに作る電場や磁場は、時刻tでは時間$\dfrac{\mathrm{OP}}{c}$だけ前

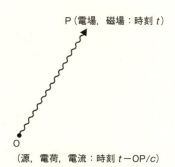

図8-21　遅延場

の源の電流-電荷密度に比例したものである。源から出発した電気力線や磁力線が点Pに到達するのには $\frac{\text{OP}}{c}$ の時間がかかり、源の効果は遅れた時刻に現れる（図8-21）。これを**遅延場**という。4.4節で述べた電気の伝わる速さの問題に対する解答は、ここで与えられた。

8.6 電磁波と物質の世界

ミクロの世界から宇宙まで広がる電磁波

電磁波の大きな特徴の一つは、さまざまな波長 λ（ラムダ）や振動数 ν（ニュー）を持つ波がすべてマクスウェル方程式にしたがい、同じ速度 c で伝播することである。振動数の逆数である1周期 T の間に1波長 λ だけ波が進む。したがって、

$$\text{電磁波の速度}(c) = \text{波長}(\lambda) \times \text{振動数}(\nu) \quad (8.33)$$

という関係が成り立つ。波長や振動数の範囲には、理論上は限りがない。観測されているもっとも波長が長い電磁波としては、潜水艦の通信に使われている極々超長波（波長は、数万km程度）がある。最近では、プールの中にいても送信できる心拍センサーがある。家庭の電灯線を流れる交流電流も、この程度の波長の電磁波を放出している。一方、波長が短い電磁波としては、ブラックホールの崩壊などの宇宙現象で放出される γ 線（波長は10のマイナス数十乗m程度）が考えられる。

このような電磁波の波長領域の広がりを、図8-22に示す。波長帯によって、いろいろな名前が付いている。人間が太古から使っている電磁波は、もちろん可視光で、その波長は400〜800 nm（1 nmは10^{-9} m）で、電磁波の全領域からすれば極めて狭い。しかし、その中に"七色の光"とも呼ばれる、多彩な光がある。その他の電波、赤外線、紫外線、X線、γ線は、目には見えないものだが、次々に発見され、知的に認識される世界を広げ、またさまざまに実用化されてきた。それを支配する原理は、電磁気理論とともに、物質の電気的、磁気的性質である。

電磁波の電場や磁場は、波長と同程度のスケールを持つ物質構造と強く相互作用する。例えば、電波を発信したり受信したりするには、波長の4分の1程度の間隔で導体棒を並べた八木・宇田アンテナ（1926年、東北帝大の宇田新太郎と八木秀次による）が用いられている。アンテナのサイズは、UHFがVHFより小さい。また、結晶や高分子

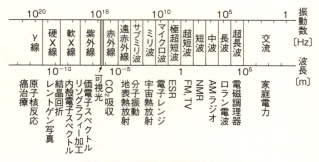

図 8-22 電磁波の波長領域の広がり

の原子構造を調べるには、原子間隔（数nm）と同程度の波長を持つX線が使われている。

　一方、時間的には、電磁波の振動数が物質中の分子・原子・電子などの振動の固有振動数に近いときに、共鳴的に強く作用する。図8-22の下欄に物質と電磁波との相互作用の例を示した。

電磁波は宇宙の果てまで続く波か？ ──光量子

　理論的にもっともすっきりした電磁波は、sin関数で表わされる。その波は、波形を変えることなくどこまでも続く。宇宙の果てまでも！　しかし、それは本当か？　光源から出た波には出発点という端がある。先端もある。光はきれぎれの波の集まりではないか。アインシュタインにはそう思えてならなかった。

　アインシュタインは、そこで、次のように考えた。

> 光の波は無限に続くものではなく、空間的にきれぎれのかけらに分かれている

　このかけらを**光量子**と呼び、振動数νの光では、そのエネルギーがすべて$h\nu$であるとする。

$$\text{光量子のエネルギー }(E) = h\nu \tag{8.34}$$

　彼の考えでは、環境と熱平衡にある光の系は、さまざまな振動数の光量子が飛び交う気体のようなものである。こ

れを**熱放射**という。光のエネルギーの振動数分布を調べると、分布が極大となる振動数は、温度とともに高い方にずれる。波長でいえば、短い方にずれる。燃焼している物体の温度が上がるにつれて、色は赤から黄色へとずれる。

太陽の表面温度は約6000度と推定される。また、この分布を積分して得られる光の全エネルギーは、絶対温度の4乗に比例する。人間の身体は、約100 Wの発熱をしている。この熱は、皮膚から電磁波（赤外線）として放射されている。一方、周囲からは環境の温度の熱放射が人体にやってくる。差し引き熱が外へ出ていくためには、皮膚の温度は環境よりも高くなければならない。

アインシュタインはまた、次のように主張した。

> 光のエネルギーが物質のエネルギーとやりとりをするときには、光量子 $h\nu$ を単位としてエネルギーが変化する

図8-23 光電効果

例えば、金属に光をあてると、そのエネルギーをもらった電子が外へ飛び出してくる。これを**光電効果**という（図8-23）。金属の中の電子は真空中よりも低いエネルギーを持っている。真空中へのエネルギー障壁の高さを仕事関数 W とすると（p. 62の図3-6参照）、放出された電子の運動エネルギーは

$$\frac{1}{2}mv^2 = h\nu - W \tag{8.35}$$

となる。光電効果は、$h\nu \geq W$の光に対してのみ起こるという実験事実は、光量子によって説明された。アインシュタインは、1921年にノーベル物理学賞を受賞したが、その理由は光電効果の説明などの理論研究であって、相対性理論ではない。

8.3節で述べたように、電磁波は$\dfrac{エネルギー}{c}$の運動量を持つ。したがって、

$$光量子の運動量\ (p) = \frac{h\nu}{c} = \frac{h}{\lambda} \tag{8.36}$$

である。しかし、このことが明示されたのは、1917年のアインシュタインの論文で、光量子ガスの中を運動する分子に対する抵抗力が計算されたときである。

波として伝わり粒子として観測される光と電子

電磁波が空間の中を伝わる様子は、マクスウェル方程式によって記述される。一方、光が観測されるときは、光量子のエネルギーがまとまって物質系に渡される。これは、空間の一点で起こる。非常に弱い光であっても、そのエネルギーは一点に集中して渡される。その様子を、図8-24(a)に示す。ご覧のように、非常に弱い光を当てていくと、最初はいくつかの点で光が観測される。露出時間を延ばしていくと、点の数は増え、それにつれて点の濃い所と薄い所とのコントラストが強くなり、やがて一つの模様が

作られる。この模様は、光の波の干渉によって作られるものである。このように、波として伝わる光の干渉模様の強度に比例した確率で点が作られるのである。

電子についても同様である〈図8-24（b）〉。弱い電子ビームを当てていくと、最初はいくつかの点でのみ観測され、その点が増えていくと模様が現れる。この模様は、量子力学から得られる電子波の干渉模様に他ならない。これまで本書で示してきた電子の密度分布は、正確には電子を観測する確率を表わすものであった。

発展コラム　"神様はサイコロ遊びをなさらない"

光と電子の振る舞いは似ているが、細かく言えば違いがある。ビームが強くなったときに、光ではある点に同時に複数の光量子がやって来るが、電子では同時刻には1個の電子しか来ない。より本質的には、量子力学で電子の波を表わす波動関数は複素数である。複素数は仮想的な数であり、それを直接観測することはできない。では何が観測されるかと言えば、波動関数の絶対値の2乗が観測確率を与える。この意味で、例えば電子の位置については、確率的にしか観測できない。

アインシュタインはこれに不満で、"神様はサイコロ遊びをなさらない"と言った。しかし、これは人間が自然を認識するやり方の限界を示すこととして受け入れざるを得ないのではないか。

第8章 空間を飛び回る力線の波——マクスウェル方程式と電磁波

明るい点の像があちこちにできる

点の濃淡の模様が見え始める

点像の出現確率は波の強さに比例する

波の干渉縞が形成される

(a) 光の波　　　　　　　(b) 電子の波

図 8-24 干渉縞のできかた〈写真提供：浜松ホトニクス（光の波）、外村彰『量子力学を見る』岩波書店（電子の波）〉

　遠方の星からの光はドップラー効果によって波長が長く見え、星が地球から見て遠ざかっていることが分かる。その後退速度が距離に比例していることから、逆にたどって、宇宙はビッグバンから始まって膨張していると考えられる。その初期では、きわめて温度が高く、電子や陽子はバラバラになって運動していた。荷電粒子の運動によって、光は絶えず散乱され、吸収、放出されていた。光と物

質とは一体となっていた。約38万年後、宇宙が少し冷えて電子や陽子は結合して中性の原子となり、光との相互作用は弱くなった。それ以後は、光と物質とは分離されたシステムとなった。

現在では、光の温度は下がって約2.7 Kとなり、全宇宙空間をほぼ一様に満たしている。一方、物質系は銀河や星などの凝縮したモノが空間の中に点在しているようになった。その一つが地球で、そこにやがて生命、人間が誕生した。人間は文化的な活動をするようになり、本書で述べてきたように自然を理解するに至ったのである。

発展コラム　物理定数と電磁気学

光の速度cをはじめ、物理学の基本定数には電磁気学によるものが多い（以下、測定値の末尾の（　）は、最後の2桁の誤差を表す）。

光の速度　$c = 2.99792458 \times 10^8$ m/s

真空の透磁率　$\mu_0 = 4\pi \times 10^{-7} = 1.2566370614\cdots \times 10^{-6}$ H/m

真空の誘電率　$\varepsilon_0 = 10^7/(4\pi c^2) = 8.854187817\cdots \times 10^{-12}$ F/m

超伝導コイルの磁束量子　$h/2e = 2.067833831(13) \times 10^{-15}$ Wb

基本定数に関わるもう一つの例は、MOSコンデンサー（第4章）の半導体界面層の量子ホール効果で、面内運動の抵抗値はh/e^2を単位として量子化される。この分野では、日本の安藤恒也、植村泰忠による理論、川路紳治らによる実験の研究が先行した。しかし、それが基礎定数の決定法であることに着目して研究したドイツのK. フォン・クリッツィングが、1985年のノーベル物理学賞を受賞した。

フォン・クリッツィング定数　$h/e^2 = 2.58128074555(59) \times 10^4$ Ω

素電荷　$e = 1.6021766208(98) \times 10^{-19}$ C

プランク定数　$h = 6.626070040(81) \times 10^{-34}$ J·s

あとがき

　この本を読み終えて、どう思われただろうか。

　最初、軽く考えて書き始めたのだが、だんだん考え直すところが出てきて、書き上げるには思ったよりも長い時間がかかった。特に第6章の磁気については、何度も書き直した。その結果、磁石から出発して磁気のミクロな要素に至るまで、一応自分では納得できるような物語になったと思う。小学校の理科に登場する磁石の磁極や磁力線が何を表わしているのか、一応の理解の仕方を伝えることができ、長年の宿題を一つ片付けた。

　この他にも、いろいろなことを書き込んだので、案外難しい本になったかも知れない。しかし、これは電磁場などの概念を噛み砕く歯ごたえのようなものである。電磁気学の難しさは、偏微分などの数学の故ではない。よく考えていけば味のあるものなのである。さらに勉強するには、本格的な教科書がある。また、本書を手がかりにして、インターネットで検索し、結果を整理するとよい。

　私は、1956年に東大物理学科の3年生となり、高橋秀俊先生の「電磁気学」の講義を聴いた。先生は開口一番、「超伝導も分かったから、もう物性物理でやることはあるのか」とつぶやかれた。先生の講義は、物質の電磁気的性質や電気回路などの応用にも触れ、電磁気を生きた学問として語られた。これは、清水武雄先生に始まる東大の伝統によるものである。清水先生は、若いころキャベンディッシュ研究所で、後年素粒子の検出などで活躍した霧箱の開発に携わった。学生の受講ノートを見ると、実学としての

電磁気学を語られた。この本も、その末流の一つである。

電磁気学の歴史については、今でも矢島祐利『電磁気学史』(岩波全書) が役に立った。実験装置の図などを、孫引きさせてもらった。絶版になっているが、復刻が期待される。

私の電磁気学も還暦を迎えたわけで、この間に研究や教育の場でたくさんの方々にお世話になった。特に、磁気については、畏友白鳥紀一、近桂一郎のお二人と長年議論してきた。誘電体については、中学3年以来の同級生石橋善弘君との交流がある。いくつかの手軽な実験については、長年実験を通した高校教育を実践してきた湯口秀敏さんに、チェックしてもらった。最終的な内容はもちろん私の責任によるものだが、ここで皆さんにお礼を申し上げる。

私事になるが、妻博子と次女啓子の、長年にわたるきちんとした批判としっかりした支えが、この本の通奏低音作りに役立った。改めて感謝したい。

講談社の小澤久、慶山篤のお二人には、初めてのブルーバックスを作り上げる上でお世話になった。お礼を申し上げる。

2016年立秋の日に
中山 正敏

さくいん

あ

ICカード	212
アインシュタイン	258
アインシュタイン-ド・ハース効果	173
圧電気	127
アラゴー	187
アラゴーの円板	189, 195
アンペア	87
アンペール	151
アンペールの法則	151
アンペール-マクスウェルの法則	227
異常ゼーマン効果	175
一周積分（ベクトルの）	**150**
ヴォルタ	54
永久電気双極子	115
エールステッド	84
液晶ディスプレー	**131**
N形半導体	91
LED	92
王立研究所	**76**
大久保準三	171
オーム	85
オームの法則	86

か

角運動量	173
核磁気共鳴	184
重ね合わせの原理	40
可動電荷	111
可動電流	157
雷	65
茅誠司	172
ガルヴァニ	53
完全反磁性	157
緩和現象	98
緩和時間	98
技術磁化	138, 170
起電力	57
逆二乗則	25, **38**, 43
キャベンディッシュ	43
キュリー	138
キュリー温度	126
キュリーの法則	139
キュリー-ワイスの法則	124, 168
共有結合	91
強誘電相	125
強誘電体	124
局所電場	121
ギルバート	18
金属結合	61
クーロン	25
『毛抜』（歌舞伎）	16
交換エネルギー	179
光速度不変の原理	259
光電効果	264
抗電場	129
交流発電の原理	210

271

光量子	263
コンデンサー	70

さ

サイクロトロン運動	161
残留磁化	135
ジェリウム模型	61
磁化	134
磁化電流	156
磁化容易軸	165
磁化率	146
磁気回路	194
磁気角運動量比	174
磁気記録	145
磁気双極子モーメント	142
磁気のガウスの法則	141
磁気ヒステリシス	138, 170
磁極	140
磁区	134, 170
自己インダクタンス	215
仕事関数	62
自己誘導	215
『磁石』(狂言)	15
磁性体	20
磁束密度のガウスの法則	143
磁束密度ベクトル	143
磁電誘導	224
自発磁化	134
自発電気分極	123
磁場ベクトル	141
ジュール	171
ジュール熱	88
シュレディンガー	124

焦電気	127
常誘電相	125
常誘電体	122
磁歪	171
真空の誘電率	40, 106
スカラー積（ベクトルの）	**48**
ストーナー	180
スピン角運動量	176, **177**
スマートフォンのからくり1	68
スマートフォンのからくり2	131
正孔	91
静電誘導	59
整流作用	92
ゼーマンエネルギー	142
ゼーマン効果	174
絶縁体	52
絶対温度	89
相互インダクタンス	215
相互誘導	215
相対性原理	259
素電荷	28
ソレノイドコイル	152

た

遅延場	261
秩序-無秩序転移	125
超伝導	89
超伝導体	157
直線偏光	245
ディラック	177
デーヴィー	77
テスラ	21
電圧	87

さくいん

電位	46
電位差	46
電荷の保存	31, 228
電荷密度1——電子雲	**29**
電荷密度2——金属	**61**
電荷密度3——半導体	**91**
電荷密度4——誘電体	**114**
電気化学当量	82
電気感受率	106, 123
電気双極子	113
電気双極子モーメント	113
電気的分極	107
電気ひずみ	126
電気分解	75
電気分解の法則	80
電気分極	107
電気分極率	122
電気盆	54
電気容量	70
電気力学	231
電気力線	27
電磁石	154
電磁振動	237
電子スピン共鳴	183
電磁波の伝播速度	243
電磁場の変換則	257
電磁誘導	190, 202
電磁誘導の法則	202
電束密度	105
電束密度のガウスの法則	110
電池	55
電堆	55
伝導電流	227
電場のガウスの法則	42
電場ベクトル	37
電流に働く磁気力	160
透磁率	147
導体	52
等電位面	48

な

長岡半太郎	171
ニュートン	23
熱起電力	85
熱放射	264

は

バーネット効果	173
ハイゼンベルク	178
パウリ	177
橋本宗吉	50, 65
半減期	98
反磁性	136
反電場	64
反電場係数	109
半導体	52
P形半導体	92
ピエゾ電気	127
ビオ-サバールの法則	225
ヒステリシス	129
百人おどし	50
比誘電率	106
比誘導容量	101
表面緩和	115
表面誘導電荷	63
平賀源内	19, 50

ファラデー	77
ファラデー効果	135
ファラデー定数	82
ファラデーの法則	210
フィゾー	246
フーコー	246
フェルミの接触項	182
伏角	17
フランクリン	26, 31
フレミングの右手の法則	200
分域構造	129
分極磁荷	141
分極電荷	107
分極電流	227
分子電流	164
分子場	167
平行平板コンデンサー	69
ベクトル	**35**
ベクトル積(ベクトルの)	**118**
ベクトルの和	**36**
ベクトル場	37
ベクトルポテンシャル	233
ヘルツ	247
変圧器	216
変位型転移	126
変位電流	227
偏角	17
偏光	131
偏光板	131
ヘンリー	213
ヘンリー(単位)	215
ポインティングベクトル	244
ボーア磁子	176
ホール効果	160

本多光太郎	171

ま

マクスウェル	43, 230
マクスウェル方程式	231
摩擦電気	14, 32
マルコーニ	250
面積分(ベクトルの)	**42**
MOS	72

や

八木秀次	262
ユーイング	170
有極性分子	115
誘電体	100
誘電率	106
誘導電荷	60

ら

ランジュヴァン	165
ランプリング	115
レーマー	246
レンツの法則	215
ローレンツ短縮	257
ローレンツ電場	121
ローレンツの磁気力	160
ローレンツ変換	258

わ

ワイス	167

N.D.C.427　　274p　　18cm

ブルーバックス　B-1986

ひとりで学べる電磁気学
大切なポイントを余さず理解

2016年9月20日　第1刷発行
2024年2月9日　第3刷発行

著者	中山正敏（なかやままさとし）
発行者	森田浩章
発行所	株式会社講談社
	〒112-8001 東京都文京区音羽2-12-21
電話	出版　03-5395-3524
	販売　03-5395-4415
	業務　03-5395-3615
印刷所	（本文表紙印刷）株式会社KPSプロダクツ
	（カバー印刷）信毎書籍印刷株式会社
製本所	株式会社KPSプロダクツ

定価はカバーに表示してあります。
©中山正敏　2016, Printed in Japan
落丁本・乱丁本は購入書店名を明記のうえ、小社業務宛にお送りください。送料小社負担にてお取替えします。なお、この本についてのお問い合わせは、ブルーバックス宛にお願いいたします。
本書のコピー、スキャン、デジタル化等の無断複製は著作権法上での例外を除き禁じられています。本書を代行業者等の第三者に依頼してスキャンやデジタル化することはたとえ個人や家庭内の利用でも著作権法違反です。
R〈日本複製権センター委託出版物〉 複写を希望される場合は、日本複製権センター（電話03-6809-1281）にご連絡ください。

ISBN978-4-06-257986-5

発刊のことば――科学をあなたのポケットに

二十世紀最大の特色は、それが科学時代であるということです。科学は日に日に進歩を続け、止まるところを知りません。ひと昔前の夢物語もどんどん現実化しており、今やわれわれの生活のすべてが、科学によってゆり動かされているといっても過言ではないでしょう。

そのような背景を考えれば、学者や学生はもちろん、産業人も、セールスマンも、ジャーナリストも、家庭の主婦も、みんなが科学を知らなければ、時代の流れに逆らうことになるでしょう。ブルーバックス発刊の意義と必然性はそこにあります。このシリーズは、読む人に科学的に物を考える習慣と、科学的に物を見る目を養っていただくことを最大の目標にしています。そのためには、単に原理や法則の解説に終始するのではなくて、政治や経済など、社会科学や人文科学にも関連させて、広い視野から問題を追究していきます。科学はむずかしいという先入観を改める表現と構成、それも類書にないブルーバックスの特色であると信じます。

一九六三年九月

野間省一

ブルーバックス　物理学関係書 (I)

番号	タイトル	著者
79	相対性理論の世界	J.A.コールマン／中村誠太郎＝訳
563	電磁波とはなにか	後藤尚久
584	10歳からの相対性理論	都筑卓司
733	紙ヒコーキで知る飛行の原理	小林昭夫
911	電気とはなにか	室岡義広
1012	量子力学が語る世界像	和田純夫
1084	図解 わかる電子回路	見城尚志／高橋久
1128	原子爆弾	山田克哉
1150	音のなんでも小事典	日本音響学会＝編
1174	消えた反物質	小林誠
1205	クォーク 第2版	南部陽一郎
1251	心は量子で語れるか	ロジャー・ペンローズ／中村和幸＝訳
1259	光と電気のからくり	山田克哉
1310	「場」とはなんだろう	竹内薫
1380	四次元の世界（新装版）	都筑卓司
1383	高校数学でわかるマクスウェル方程式	竹内淳
1384	マクスウェルの悪魔（新装版）	都筑卓司
1385	不確定性原理（新装版）	都筑卓司
1390	熱とはなんだろう	竹内薫
1391	ミトコンドリア・ミステリー	林純一
1394	ニュートリノ天体物理学入門	小柴昌俊
1415	量子力学のからくり	山田克哉
1444	超ひも理論とはなにか	竹内薫
1452	流れのふしぎ	石綿良三／根本光正＝著／日本機械学会＝編
1469	量子コンピュータ	竹内繁樹
1470	高校数学でわかるシュレディンガー方程式	竹内淳
1483	新しい物性物理	伊達宗行
1487	ホーキング 虚時間の宇宙	竹内薫
1509	電磁気学のABC（新装版）	福島肇
1569	新しい高校物理の教科書	山本明利／左巻健男＝編著
1583	熱力学で理解する化学反応のしくみ	平山令明
1591	発展コラム式 中学理科の教科書 第1分野（物理・化学）	滝川洋二＝編
1605	マンガ 物理に強くなる	関口知彦＝原作／鈴木みそ＝漫画
1620	高校数学でわかるボルツマンの原理	竹内淳
1638	プリンキピアを読む	和田純夫
1642	新・物理学事典	大槻義彦／大場一郎＝編
1648	量子テレポーテーション	古澤明
1657	高校数学でわかるフーリエ変換	竹内淳
1675	量子重力理論とはなにか	竹内薫
1697	インフレーション宇宙論	佐藤勝彦

ブルーバックス　物理学関係書(II)

番号	タイトル	著者
1701	光と色彩の科学	齋藤勝裕
1705	量子もつれとは何か	古澤 明
1715	「余剰次元」と逆二乗則の破れ	村田次郎
1716	傑作! 物理パズル50　ポール・G・ヒューイット	松森靖夫=編訳
1720	ゼロからわかるブラックホール	大須賀健
1728	宇宙は本当にひとつなのか	村山 斉
1731	物理数学の直観的方法〈普及版〉	長沼伸一郎
1738	現代素粒子物語	中嶋 彰/KEK=協力
1776	オリンピックに勝つ物理学	望月 修
1780	宇宙になぜ我々が存在するのか	村山 斉
1799	高校数学でわかる相対性理論	竹内 淳
1803	大人のための高校物理復習帳	桑子 研
1815	大栗先生の超弦理論入門	大栗博司
1827	真空のからくり	山田克哉
1836		
1860	発展コラム式　中学理科の教科書　改訂版　物理・化学編	滝川洋二=編
1867	高校数学でわかる流体力学	竹内 淳
1871	アンテナの仕組み	小暮裕明/小暮芳江
1894	エントロピーをめぐる冒険	鈴木 炎
1905	あっと驚く科学の数字　数から科学を読む研究会	
1912	マンガ おはなし物理学史	小山慶太/佐々木ケン=漫画
1924	謎解き・津波と波浪の物理	保坂直紀
1930	光と重力　ニュートンとアインシュタインが考えたこと	小山慶太
1932	天野先生の「青色LEDの世界」	天野 浩/福田大展
1937	輪廻する宇宙	横山順一
1940	すごいぞ! 身のまわりの表面科学	日本表面科学会
1960	超対称性理論とは何か	小林富雄
1961	曲線の秘密	松下泰雄
1970	高校数学でわかる光とレンズ	竹内 淳
1981	宇宙は「もつれ」でできている　ルイーザ・ギルダー	山田克哉=監訳/窪田恭子=訳
1982	光と電磁気 ファラデーとマクスウェルが考えたこと	小山慶太
1983	重力波とはなにか	安東正樹
1986	ひとりで学べる電磁気学	中山正敏
2019	時空のからくり	山田克哉
2027	重力波で見える宇宙のはじまり　ピエール・ビネトリュイ	安東正樹=監訳/岡田好惠=訳
2031	時間とはなんだろう	松浦 壮
2032	佐藤文隆先生の量子論	佐藤文隆
2040	ペンローズのねじれた四次元　増補新版	竹内 薫
2048	$E=mc^2$のからくり	山田克哉
2056	新しい1キログラムの測り方	臼田 孝

ブルーバックス　物理学関係書（III）

- 2061 科学者はなぜ神を信じるのか　三田一郎
- 2078 独楽の科学　山崎詩郎
- 2087 「超」入門　相対性理論　福江純
- 2090 はじめての量子化学　平山令明
- 2091 いやでも物理が面白くなる　新版　志村史夫
- 2096 2つの粒子で世界がわかる　森弘之
- 2100 プリンシピア　自然哲学の数学的原理　第I編　物体の運動　アイザック・ニュートン　中野猿人 訳・注
- 2101 プリンシピア　自然哲学の数学的原理　第II編　抵抗を及ぼす媒質内での物体の運動　アイザック・ニュートン　中野猿人 訳・注
- 2102 プリンシピア　自然哲学の数学的原理　第III編　世界体系　アイザック・ニュートン　中野猿人 訳・注
- 2115 「ファインマン物理学」を読む　普及版　竹内薫
- 2124 量子力学と相対性理論を中心として　時間はどこから来て、なぜ流れるのか？　吉田伸夫
- 2129 「ファインマン物理学」を読む　普及版　電磁気学を中心として　竹内薫
- 2130 「ファインマン物理学」を読む　普及版　力学と熱力学を中心として　竹内薫
- 2139 量子とはなんだろう　松浦壮
- 2143 時間は逆戻りするのか　高水裕一
- 2162 トポロジカル物質とは何か　長谷川修司
- 2169 アインシュタイン方程式を読んだら「宇宙」が見えた　深川峻太郎
- 2183 早すぎた男　南部陽一郎物語　中嶋彰
- 2193 思考実験　科学が生まれるとき　榛葉豊
- 2194 宇宙を支配する「定数」　臼田孝
- 2196 ゼロから学ぶ量子力学　竹内薫

ブルーバックス　技術・工学関係書 (I)

495	人間工学からの発想	小原二郎
911	電気とはなにか	室岡義広
1084	図解 わかる電子回路	見城尚志/高橋久
1128	原子爆弾	高橋尚久
1236	図解 飛行機のメカニズム	山田克哉
1346	図解 ヘリコプター	加藤 筆
1396	制御工学の考え方	木村英紀
1452	流れのふしぎ	石綿良三／根本光正＝著 日本機械学会＝編
1469	量子コンピュータ	竹内繁樹
1483	新しい物性物理	伊達宗行
1520	図解 鉄道の科学	宮本昌幸
1545	高校数学でわかる半導体の原理	竹内 淳
1553	図解 つくる電子回路	加藤ただし
1573	手作りラジオ工作入門	西田和明
1624	コンクリートなんでも小事典	土木学会関西支部＝編 宮本昌幸"編著" 井上 晋＝他
1660	図解 電車のメカニズム	
1676	図解 橋の科学	土木学会関西支部＝編 田中輝彦／渡邊英一＝他
1696	図解 ジェット・エンジンの仕組み	吉中 司
1717	図解 地下鉄の科学	川辺謙一
1797	古代日本の超技術　改訂新版	志村史夫
1817	東京鉄道遺産	小野田 滋
1845	古代世界の超技術	志村史夫
1866	暗号が通貨になる「ビットコイン」のからくり	西田宗千佳
1871	アンテナの仕組み	小暮裕明/小暮芳江
1879	火薬のはなし	松永猛裕
1887	小惑星探査機「はやぶさ2」の大挑戦	山根一眞
1909	飛行機事故はなぜならないのか	青木謙知
1938	門田先生の3Dプリンタ入門	門田和雄
1940	すごいぞ！ 身のまわりの表面科学	日本表面科学会
1948	すごい家電	西田宗千佳
1950	実例で学ぶRaspberry Pi電子工作	金丸隆志
1959	図解 燃料電池自動車のメカニズム	川辺謙一
1963	交流のしくみ	森本雅之
1968	脳・心・人工知能	甘利俊一
1970	高校数学でわかる光とレンズ	竹内 淳
2001	人工知能はいかにして強くなるのか？	小野田博一
2017	人はどのように鉄を作ってきたか	永田和宏
2035	現代暗号入門	神永正博
2038	城の科学	萩原さちこ
2041	時計の科学	織田一朗
2052	カラー図解　はじめる機械学習 Raspberry Piで	金丸隆志

ブルーバックス　技術・工学関係書(II)

2056 新しい1キログラムの測り方　臼田 孝

2093 今日から使えるフーリエ変換　普及版　三谷政昭

2103 我々は生命を創れるのか　藤崎慎吾

2118 道具としての微分方程式　偏微分編　斎藤恭一

2142 ラズパイ4対応　カラー図解　最新Raspberry Piで学ぶ電子工作　金丸隆志

2144 5G　岡嶋裕史

2172 スペース・コロニー　宇宙で暮らす方法　向井千秋監修・著　東京理科大学スペース・コロニー研究センター編著

2177 はじめての機械学習　田口善弘

ブルーバックス　コンピュータ関係書

1084	図解　わかる電子回路	加藤 肇／見城尚志／高橋尚久
1769	図解入門者のExcel VBA	立山秀利
1783	知識ゼロからのExcelビジネスデータ分析入門	住中光夫
1791	卒論執筆のためのWord活用術	田中幸夫
1802	実例で学ぶExcel VBA	立山秀利
1825	メールはなぜ届くのか	草野真一
1850	入門者のJavaScript	立山秀利
1881	プログラミング20言語習得法	小林健一郎
1926	SNSって面白いの?	草野真一
1950	実例で学ぶRaspberry Pi電子工作	金丸隆志
1962	脱入門者のExcel VBA	立山秀利
1989	入門者のLinux	奈佐原顕郎
1999	カラー図解 Excel「超」効率化マニュアル	立山秀利
2001	人工知能はいかにして強くなるのか?	小野田博一
2012	カラー図解 Javaで始めるプログラミング	高橋麻奈
2045	サイバー攻撃	中島明日香
2049	統計ソフト「R」超入門	逸見 功
2052	カラー図解 Raspberry Piではじめる機械学習	金丸隆志
2072	入門者のPython	立山秀利
2083	ブロックチェーン	岡嶋裕史
2086	Web学習アプリ対応　C語入門	板谷雄二
2133	高校数学からはじめるディープラーニング	金丸隆志
2136	生命はデジタルでできている	田口善弘
2142	ラズパイ4対応 カラー図解 最新Raspberry Piで学ぶ電子工作	金丸隆志
2145	LaTeX超入門	水谷正大

ブルーバックス　趣味・実用関係書 (I)

番号	タイトル	著者
35	計画の科学	加藤昭吉
733	紙ヒコーキで知る飛行の原理	小林昭夫
921	自分がわかる心理テスト	芦原睦／桂戴作″監修
1063	自分がわかる心理テストPART2	芦原睦″監修
1073	へんな虫はすごい虫	安富和男
1084	図解　わかる電子回路	見城尚志／高橋久
1112	頭を鍛えるディベート入門	松本茂
1234	子どもにウケる科学手品77	後藤道夫
1245	「分かりやすい表現」の技術	藤沢晃治
1273	もっと子どもにウケる科学手品77	後藤道夫
1284	理系志望のための高校生活ガイド	鍵本聡
1307	理系の女の生き方ガイド	宇野賀津子／坂東昌子
1346	図解　ヘリコプター	鈴木英夫
1352	確率・統計であばくギャンブルのからくり	谷岡一郎
1353	算数パズル「出しっこ問題」傑作選	仲田紀夫
1364	理系のための英語論文執筆ガイド	原田豊太郎
1368	数学版　これを英語で言えますか？	E・ネルソン／保江邦夫 監修
1387	論理パズル「出しっこ問題」傑作選	小野田博一
1396	「分かりやすい説明」の技術	藤沢晃治
1413	制御工学の考え方	木村英紀
	『ネイチャー』を英語で読みこなす	竹内薫
1420	理系のための英語便利帳	倉島保美／榎本智子／黒木博″絵
1443	「分かりやすい話し方」の技術	藤沢晃治
1478	「分かりやすい文章」の技術	藤沢晃治
1493	計算力を強くする	吉田たかよし
1516	競走馬の科学	JRA競走馬総合研究所″編
1520	図解　鉄道の科学	宮本昌幸
1536	計算力を強くするpart2	鍵本聡
1552	「計算力」を強くする　完全ドリル	鍵本聡
1553	図解　つくる電子回路	加藤ただし
1573	「分かりやすい教え方」の技術	藤沢晃治
1596	理系のための人生設計ガイド	坪田一男
1623	手作りラジオ工作入門	西田和明
1629	計算力を強くする	鍵本聡
1630	伝承農法を活かす家庭菜園のコツ	木嶋利男
1653	理系のための英語「キー構文」46	原田豊太郎
1660	図解　電車のメカニズム	宮本昌幸″編著
1666	理系のための「即効！」卒業論文術	中田亨
1671	図解　橘の科学	坪田一男
1676	理系のための研究生活ガイド　第2版	坪田一男
1688	武術「奥義」の科学	吉福康郎
1695	ジムに通う前に読む本	桜井静香
	図解　橘の科学	土木学会関西支部″編 田中輝彦／渡邊英一 他

ブルーバックス　趣味・実用関係書（II）

番号	タイトル	著者
1696	ジェット・エンジンの仕組み	吉中　司
1707	「交渉力」を強くする	藤沢晃治
1725	魚の行動習性を利用する釣り入門	川村軍蔵
1773	「判断力」を強くする	藤沢晃治
1783	知識ゼロからのExcel・ビジネスデータ分析入門	住中光夫
1791	卒論執筆のためのWord活用術	田中幸夫
1793	論理が伝わる　世界標準の「書く技術」	倉島保美
1796	「魅せる声」のつくり方	篠原さなえ
1813	研究発表のためのスライドデザイン	宮野公樹
1817	東京鉄道遺産	小野田滋
1847	論理が伝わる　世界標準の「プレゼン術」	倉島保美
1864	科学検定公式問題集　5・6級	竹内薫／監修　桑子研／竹田淳一郎／永井孝志／小野恭子／岸本充生
1868	科学検定公式問題集　3・4級	竹内薫／監修　桑子研／竹田淳一郎／村上道夫／小野恭子／岸本充生
1877	「育つ土」を作る家庭菜園の科学	木嶋利男
1882	科学的上達法	藤田佳信
1895	「ネイティブ発音」を習得する	能勢博
1900	山に登る前に読む本	能勢博
1910	研究を深める5つの問い	宮野公樹
1914	論理が伝わる　世界標準の「議論の技術」	倉島保美
1915	理系のための英語最重要「キー動詞」43	原田豊太郎
1919	「説得力」を強くする	藤沢晃治
1926	SNSって面白いの？	草野真一
1934	世界で生きぬく理系のための英文メール術	吉形一樹
1938	門田先生の3Dプリンタ入門	門田和雄
1947	50ヵ国語習得法	新名美次
1948	すごい家電	西田宗千佳
1951	研究者としてうまくやっていくには	長谷川修司
1958	理系のための法律入門　第2版	井野邊陽
1959	燃料電池自動車のメカニズム	川辺謙一
1965	理系のための論理が伝わる文章術	成清弘和
1966	サッカー上達の科学	村松尚登
1967	世の中の真実がわかる「確率」入門	小林道正
1976	不妊治療を考えたら読む本	浅田義正／河合蘭
1987	怖いくらい通じるカタカナ英語の法則　ネット対応版	池谷裕二
1999	カラー図解　Excel「超」効率化マニュアル	立山秀利
2005	ランニングをする前に読む本	田中宏暁
2020	「香り」の科学	平山令明
2038	城の科学	萩原さちこ
2042	日本人のための声がよくなる「舌力」のつくり方	篠原さなえ
2055	理系のための「実戦英語力」習得法	志村史夫
2056	新しい1キログラムの測り方	臼田孝
2060	音律と音階の科学　新装版	小方厚

ブルーバックス　趣味・実用関係書(III)

- 2064 心理学者が教える 読ませる技術 聞かせる技術　海保博之
- 2089 世界標準のスイングが身につく科学的ゴルフ上達法　板橋繁
- 2111 作曲の科学　フランソワ・デュボワ／井上喜惟＝監修／木村彩＝訳
- 2113 世界標準のスイングが身につく科学的ゴルフ上達法 実践編　板橋繁
- 2118 子どもにウケる科学手品 ベスト版　後藤道夫
- 2120 道具としての微分方程式 偏微分編　斎藤恭一
- 2131 ウォーキングの科学　能勢博
- 2135 アスリートの科学　久木留毅
- 2138 理系の文章術　更科功
- 2149 日本史サイエンス　播田安弘
- 2151 「意思決定」の科学　川越敏司
- 2158 科学とはなにか　佐倉統
- 2170 理系女性の人生設計ガイド　大隅典子／大島まり／山本佳世子

- BC07 ChemSketchで書く簡単化学レポート　平山令明　ブルーバックス12cm CD-ROM付

ブルーバックス　数学関係書(I)

番号	タイトル	著者
116	推計学のすすめ	佐藤信
120	統計でウソをつく法	ダレル・ハフ／高木秀玄 訳
177	ゼロから無限へ	C・レイ／カラージ 訳
325	現代数学小事典	寺阪英孝 編
722	解ければ天才！ 算数100の難問・奇問	中村義作
833	虚数 i の不思議	堀場芳数
862	対数 e の不思議	堀場芳数
926	原因をさぐる統計学	豊田秀樹
1003	マンガ 微積分入門	岡部恒治／前田忠彦／柳井晴夫
1013	違いを見ぬく統計学	豊田秀樹
1037	自然にひそむ数学	佐藤修一
1201	道具としての微分方程式	斎藤恭一
1243	高校数学とっておき勉強法	藤岡文世／剛 絵
1312	マンガ おはなし数学史 新装版	仲田紀夫 原作／佐々木ケン 漫画
1332	集合とはなにか	竹内外史
1352	確率・統計であばくギャンブルのからくり	谷岡一郎
1353	算数パズル「出しっこ問題」傑作選	仲田紀夫
1366	数学版 これを英語で言えますか？	保江邦夫 監修／E・ネルソン
1383	高校数学でわかるマクスウェル方程式	竹内淳
1386	素数入門	芹沢正三
1407	入試数学 伝説の良問100	安田亨
1419	パズルでひらめく 補助線の幾何学	中村義作
1429	数学21世紀の7大難問	中村亨
1433	大人のための算数練習帳	佐藤恒雄
1453	大人のための算数練習帳 図形問題編	佐藤恒雄
1479	なるほど高校数学 三角関数の物語	原岡喜重
1490	暗号の数理 改訂新版	一松信
1493	計算力を強くする	鍵本聡
1536	計算力を強くする part2	鍵本聡
1547	広中杯 ハイレベル 算数オリンピック委員会 監修／青木亮二 解説	
1557	中学数学に挑戦	田栗正章／C・R・ラオ／柳井晴夫／藤越康祝
1595	やさしい統計入門	
1598	数論入門	芹沢正三
1606	なるほど高校数学 ベクトルの物語	原岡喜重
1619	関数とはなんだろう	山根英司
1620	離散数学「数え上げ理論」	野﨑昭弘
1629	高校数学を強くするボルツマンの原理	竹内淳
1657	計算力を強くする 完全ドリル	鍵本聡
1677	高校数学でわかるフーリエ変換	竹内淳
1678	新体系 高校数学の教科書（上）	芳沢光雄
1684	新体系 高校数学の教科書（下）	芳沢光雄
	ガロアの群論	中村亨

ブルーバックス　数学関係書 (II)

番号	タイトル	著者
1828	高校数学でわかる線形代数	竹内淳
1823	ウソを見破る統計学	神永正博
1822	物理数学の直観的方法（普及版）	長沼伸一郎
1819	マンガで読む　計算力を強くする	がそんみは "マンガ" 銀杏社 "構成"
1818	大学入試問題で語る数論の世界	清水健一
1810	高校数学でわかる統計学	竹内淳
1808	新体系・中学数学の教科書（上）	芳沢光雄
1795	新体系・中学数学の教科書（下）	芳沢光雄
1788	連分数のふしぎ	木村俊一
1786	はじめてのゲーム理論	川越敏司
1784	確率・統計でわかる「金融リスク」のからくり	吉本佳生
1782	「超」入門　微分積分	神永正博
1770	複素数とはなにか	示野信一
1765	シャノンの情報理論入門	高岡詠子
1764	不完全性定理とはなにか	竹内薫
1757	オイラーの公式がわかる	原岡喜重
1743	世界は2乗でできている	小島寛之
1740	マンガ　線形代数入門	鍵本聡=原作／北垣絵美=漫画
1738	算数オリンピックに挑戦 '08〜'12年度版	算数オリンピック委員会=編
1724	三角形の七不思議	細矢治夫
1704	リーマン予想とはなにか	中村亨
1967	世の中の真実がわかる「確率」入門	小林道正
1961	曲線の秘密	松下泰雄
1942	数学ロングトレイル「大学への数学」に挑戦　関数編	山下光雄
1941	数学ロングトレイル「大学への数学」に挑戦　ベクトル編	山下光雄
1933	数学ロングトレイル「大学への数学」に挑戦	山下光雄
1927	「P≠NP」問題	野﨑昭弘
1921	数学ロングトレイル「大学への数学」に挑戦	小島寛之
1917	群論入門	芳沢光雄
1907	素数が奏でる物語	西来路文朗／清水健一
1906	ロジックの世界	ダン・クライアン／シャロン・シュアティル／ビル・メイブリン=絵／田中一之=訳
1897	算法勝負！「江戸の数学」に挑戦	山根誠司
1893	ようこそ「多変量解析」クラブへ	上村豊
1890	直感を裏切る数学	神永正博
1888	非ユークリッド幾何の世界　新装版	寺阪英孝
1880	チューリングの計算理論入門	高岡詠子
1851	難関入試　算数速攻術	松島りつこ=画
1841	超絶難問論理パズル	中川恵司
1833		小野田博一

ブルーバックス　数学関係書（Ⅲ）

1968	脳・心・人工知能	甘利俊一
1969	四色問題	一松 信
1984	経済数学の直観的方法 マクロ経済学編	長沼伸一郎
1985	経済数学の直観的方法 確率・統計編	長沼伸一郎
1998	結果から原因を推理する「超」入門ベイズ統計	石村貞夫
2001	人工知能はいかにして強くなるのか？	小野田博一
2003	ひらめきを生む「算数」思考術	西来路文朗/清水健一朗
2023	素数はめぐる	宮岡礼子
2033	曲がった空間の幾何学	宮岡礼子
2035	現代暗号入門	安藤久雄
2036	美しすぎる「数」の世界	神永正博
2043	理系のための微分・積分復習帳	清水健一
2046	方程式のガロア群	竹内 淳
2059	離散数学「ものを分ける理論」	金重 明
2065	学問の発見	広中平祐
2069	今日から使える微分方程式 普及版	飽本一裕
2079	はじめての解析学	原岡喜重
2081	今日から使える物理数学 普及版	岸野正剛
2085	今日から使える統計解析 普及版	大村 平
2092	いやでも数学が面白くなる	志村史夫
2093	今日から使えるフーリエ変換 普及版	三谷政昭
2098	高校数学でわかる複素関数	竹内 淳
2104	トポロジー入門	都築卓司
2107	数学にとって証明とはなにか	瀬山士郎
2110	高次元空間を見る方法	小笠英志
2114	数の概念	高木貞治
2118	道具としての微分方程式 偏微分編	斎藤恭一
2121	離散数学入門	芳沢光雄
2126	数の世界	松岡 学
2137	有限の中の無限	西来路文朗/清水健一
2141	今日から使える微積分 普及版	大村 平
2147	円周率πの世界	柳谷 晃
2153	多角形と多面体	日比孝之
2160	多様体とは何か	小笠英志
2161	なっとくする数学記号	黒木哲徳
2167	三体問題	浅田秀樹
2168	大学入試数学 不朽の名問100	鈴木貫太郎
2171	四角形の七不思議	細矢治夫
2178	数式図鑑	横山明日希
2179	数学とはどんな学問か？	津田一郎
2182	マンガ 一晩でわかる中学数学	端野洋子
2188	世界は「e」でできている	金 重明